单元制造理论与方法

主　编　赵秀栩

U0209482

武汉理工大学出版社

·武汉·

图书在版编目(CIP)数据

单元制造理论与方法/赵秀栩主编. —武汉:武汉理工大学出版社,2022.3
ISBN 978-7-5629-6533-6

Ⅰ.①单… Ⅱ.①赵… Ⅲ.①机械制造工艺 Ⅳ.①TH16

中国版本图书馆 CIP 数据核字(2022)第 044523 号

项目负责人:王兆国　　　　　　　　　　　　　　　　责任编辑:王兆国
责 任 校 对:赵星星　　　　　　　　　　　　　　　　排　　版:芳华时代
出 版 发 行:武汉理工大学出版社
社　　　　址:武汉市洪山区珞狮路 122 号
邮　　　　编:430070
网　　　　址:http://www.wutp.com.cn
经　　　　销:各地新华书店
印　　　　刷:荆州市精彩印刷有限公司
开　　　　本:787×1092　1/16
印　　　　张:6
字　　　　数:154 千字
版　　　　次:2022 年 3 月第 1 版
印　　　　次:2022 年 3 月第 1 次印刷
定　　　　价:49.00 元

前　言

在激烈的竞争环境中,效益最大化一直是企业追求的目标。成组技术(Group Technology,GT)旨在识别相似零件并对其进行分组,以利用其在制造和设计方面的相似性。多年来,作为工程实践和科学管理的一部分,成组技术已在世界各地得到成功实践。

单元制造(Cellular Manufacturing,CM)是 GT 在工厂重组和车间布局设计中的应用,有助于减少各种产品在制造过程中的浪费。它融合了 GT 的原理,集成了设备和一个由团队领导带领的小组,使得订单产品的所有工作都可以在同一个单元中完成,可以最大限度地消除不能为产品增值的资源。单元形成问题可以重新定义为识别机器单元、零件族和子部件的组合,以便零件族在单元内完成加工后,也可以在单元内进行装配。独立的制造单元管理者将具备完成成品部件的能力,而不是零件族。由于最终产品的生产需要使用跨单元生产的基础产品进行协调,因此,实际上很少有完全独立的机器单元,而单元中的部件由该单元中制造的零件组成,这些零件很有可能需要移动以进行加工或组装到不同的单元中。单元式系统设计的目标是尽量减少由于零件加工和装配而导致系统的整体物流成本。

精益生产是对系统结构、人员组织、运行方式和市场供求等方面进行变革,使企业的生产体系能迅速对市场需求做出反应,精简乃至消除生产过程中一切无用、多余的部分,以达到包括市场销售在内的最优结果。单元制造是精益制造的一个重要组成部分,通过制造过程及其物理工厂的有效材料流动降低了材料处理成本,并创造了一个更有序的工作环境。相较于离散操作过程中不连续的流动,单元中的物料流动得到了很大改善。通过消除操作之间的停机时间、降低材料处理成本、减少制品库存和相关成本、减少处理错误的机会、减少等待供应品或材料的停机时间,以及减少缺陷或过时产品的损失,可以最大限度地实现节约。

本书第 1 章主要介绍了 GT 的发展和 CM 的内涵、特点、重要作用和发展趋势。第 2 章至第 6 章分别从单元制造的原理、单元的形成方法、单元制造中的布局设计、缩短设置时间以提高制造单元性能和柔性化单元制造等五个方面介绍 CM 的有关方法和技术,结合实例探讨这些方法和技术的具体应用,从而形成一个学习和应用 CM 相关方法和技术的体系。限于篇幅和时间,本书在编写上尽量从总体上反映该领域的主要进展和新成果、新技术,因此没有强调面面俱到。在内容上,尽可能结合国内制造企业实际需要介绍近期的新技术。

当前,随着全球信息网络的建立和完善,国际竞争和协作氛围进一步形成和发展,制造企业在世界范围内的重组和集成进一步加速,制造全球化成为一个重要的发展趋势,这将促进 CM 技术得到更快的发展。目前,我国制造技术水平与国际工业发达国家相比,虽有较大的差距,但只要从实际出发,认真学习国内外先进经验,开发、推广和应用适合我国国情的 CM 制造技术,相信在不久的将来,我国企业的 CM 制造技术水平和管理水平将大大地向前推进,达到世界先进水平。

目　录

1 概　　述

1.1　相关概念及产生背景

1.1.1　从科学管理到精益生产

(1)科学管理

科学管理是指一种管理的方法和手段,是工作人员共同追求的价值目标、工作效果及文化氛围。在企业运行过程中,科学管理是由企业领导以及管理者们从自身权利和经验出发所做出的行动指挥,是一种能够保障企业有序经营的重要依据[1]。科学管理理念起源于"科学管理之父"泰勒在钢铁厂中的工作经历,其在长时间研究、分析及对比工人操作动作后总结出"剔除冗余动作,改正错误动作,优化革新工具"的科学化生产流程,并于1895年出版《计件工资》、1903年出版《工厂管理》、1911年出版《科学管理原理》,提出了一系列的科学管理原理和方法。之后,吉尔布雷斯的动作经济性原则、甘特的计划进度方法等进一步完善了泰勒的科学管理理论,直到今天,科学管理都在为企业提升经济效益提供有力支撑。

(2)工业工程(Industrial Engineering,IE)

美国工业工程师学会(American Institute of Industrial Engineers,AIIE)1955年正式提出的 IE 定义为"工业工程是对人员、物料、设备、能源和信息所组成的集成系统,进行统计、改善和设置的一门学科。它综合运用数学、物理学和社会科学方面的专门知识和技术,以及工程分析和设计的原理与方法,对该系统所取得的成果进行确定、预测和评价"。

工业工程的目标:有效利用生产系统投入的要素,实现降低成本、保证质量和安全、提高系统的生产率、获得最高效益的目标。

工业工程的基本功能:研究人员、物料、设备、能源、信息所组成的集成系统,并对其进行设计、改善和设置。针对企业这样一个系统,具体表现为规划、设计、评价和创新等四个方面[2]。

(3)流水线生产方式

最初的汽车生产方式采用单件生产,即每个工人进行汽车组装的全过程。采用这种方式生产汽车,产量低,价格高,使得汽车成为少数富豪才能享用的奢侈品,难以走进平常百姓家庭。早在1908年前,福特就意识到标准化生产的重要性,他认为,汽车必须统一规格才能实现大规模、大批量生产。1908年,在福特的努力下,福特汽车采用流水线生产方式,这种制造汽车的方式摆脱了对全技能工的依赖,同时,专门负责物料传递的传递工的设置,提高了汽车组装的效率。

从美国福特汽车公司创立第一条汽车生产流水线开始,大规模的流水线生产就成了现代工业生产的主要特征,大规模的流水线生产取代了效率低下的单件生产方式,大大提高了生产效率,其被称为生产方式变革中的第二个里程碑。

大规模流水线生产方式以标准化、大批量生产来降低成本,提高效率。这种方式适应了美国当时的国情,一举把汽车从少数富翁才能享用得起的奢侈品变成了所有人都能使用得起的普通交通工具。美国的汽车工业也由此得到迅速发展,成长为美国的一大支柱产业,同时带动和促进了玻璃、钢铁、机电、橡胶等产业,以及交通服务业等大批行业的发展。大规模流水线生产的出现和广泛使用,在生产技术方面及生产管理史上都具有极为重要的意义。[3]

(4)丰田生产方式

1950 年,年轻的日本工程师丰田英二抵达底特律,对位于底特律的福特汽车厂进行为期三个月的参观学习。年轻的丰田英二在对这个当时世界上规模最大同时也是效率最高的汽车制造企业进行了细致的考察。回到日本,他和大野耐一等人一起讨论之后得出结论:大批量的生产方式不适用于日本,其中还有很多可以改善之处。主要原因:第一,战争刚刚结束,还没有完全恢复元气的日本,国内市场狭小,所需求汽车的品种又很多,大批量生产方式不适应多品种、小批量的要求;第二,刚刚受到战争重创的日本缺乏外汇,无法大量购买西方的技术和设备,不能单纯地效仿福特汽车厂而应当在此基础上进行改进;第三,战争造成的大量减员使当时的日本缺乏大量的廉价劳动力。因此丰田英二和大野耐一开始探索适合日本需要的生产方式。[4]

大野耐一通过对生产现场的观察和思考,提出了一系列的革新,例如现场改善,目视管理,一人多机,三分钟换模,U 形设备布置,"5W1H"(Who、When、Where、Why、What、How)提问技术,包括人为因素的自动化,拉动式生产,供应商队伍重组以及与供应商结成合作伙伴关系等。同时,这些方法在实际使用中不断完善,最终形成了一套适合日本的丰田生产方式。

第四次中东战争在 1973 年 10 月爆发,原油价格从战争爆发前的每桶 3.011 美元迅速提升到每桶 10.651 美元,第二次世界大战结束以来最严重的全球经济危机因为中东战争和石油价格猛增而爆发。世界主要发达国家的经济受到这场持续三年的能源危机的严重冲击。美国的工业生产在这场危机中下降了 14%,日本的工业生产在这场危机中更是下降了 20%以上,但丰田公司在这场危机中却是大放异彩,受到的影响远低于其他公司,不仅获得了高于其他公司的盈利,而且盈利与日俱增,逐步拉大了同其他公司的距离。在这种情况下,丰田生产方式逐渐受到重视,并在日本得到普及、推广。丰田生产方式在得到了学术界的认可后,吸引了一些专家和学者对其进行研究,从而完成了内容的体系化。[4]

随着日本汽车制造企业大规模地在海外设厂,丰田生产方式同时传播到了美国,并以其在质量、成本、产品多样性、准时化等方面取得的巨大效果而得到广泛传播。同时丰田生产方式经受住了原材料和配套件等供应不准时、不同文化的冲突等考验,说明丰田生产方式具有普遍通用性,证明了丰田生产方式不但适用于日本的文化环境,而且适用于其他各种文化、各种行业。

(5)精益生产

1985 年,美国麻省理工学院丹尼尔·鲁斯教授领导了"国际汽车计划"(Intel Mobile Voltage Positioning,IMVP)研究项目。该研究项目从 1984 年到 1989 年,用了五年时间对14 个不同国家的近 90 个汽车生产制造企业进行实地考察。他们对几百份公开的简报和资料进行了查阅,同时对产生于西方的大规模生产方式和产生于日本的丰田生产方式进行了细致的分析和对比,项目的研究成果——《改变世界的机器》于 1990 年问世。在这本书里,丰田生产方式第一次被命名为 Lean Production,即精益生产方式。此后,在世界范围内迅速掀起了学习应用丰田生产方式的热潮,它不仅在传统的生产领域、制造领域被广泛使用,还扩展到产品开发、销售服务、协作配套、财务管理等各个领域。

1996 年,IMVP 项目第二阶段经过四年的研究,出版了《精益思想》这本书。这本书不仅描述了学习丰田生产方式所必需的关键原则,同时通过具体例子讲述了一些各行各业都可以遵从的行动步骤,进一步完善了精益生产的理论体系。

精益生产是对系统结构、人员组织、运行方式和市场供求等方面进行变革,使企业的生产体系能对市场需求做出迅速反应,并能精简乃至消除生产过程中一切无用、多余的部分,以达到包括市场销售在内的最优结果。精益生产强调少用任何东西——工厂的人力、制造空间、工具投资、工程工时、开发新产品的时间。此外,它还要求在现场保留远低于一半的库存,减少缺陷,并生产出更高且不断增长的产品质量。[5]

美国学术界和企业界进行了广泛学习和研究,他们提出的很多观点对丰田生产方式进行了大量有益的补充,在其中增加了信息技术、IE 技术等新技术和文化差异等其他领域的知识,从而使得精益生产的理论更为完善,更具有适用性。[6]

1.1.2　成组技术与单元制造

在经济全球化的形势下,客户对产品和服务的要求变得更为多样化,而且还要求以较低的价格在很短的时间内交付[7]。为了满足客户需求,制造企业需要迅速采取行动,才能在激烈的竞争环境下生存。

(1)成组技术(Group Technology,GT)

如果能够对从某项活动中获得的经验加以分享和重复利用,就可以提高与之类似的相关活动效率,使得投入更低的可变成本和时间来开发最佳操作程序变得可行。成组技术,是一种通过识别零件的相似性,并在设计和制造中利用它们的相似性来提高生产率的制造哲学。

成组技术的概念最初由 Mitrofanov 提出,他将成组技术定义为“通过将零件分类编组,然后对每一组采用相似的技术操作来制造零件的方法”。Shunk 对成组技术的定义是“认识到许多问题是相似的,并且通过对它们进行分组,可以找到一组问题的统一解决方案,从而节省时间和精力”,这个定义强调了制造系统或子系统中的实体或活动的总体可以由较少的族来代替。[8]

在设计阶段,通过 GT 可以在最终产品中使用通用的模块化组件、相似零件的相似工艺计划和产品的相似装配顺序。成组技术将产品集分解为复合产品族,其中每个系列的产品都可以使用类似的工艺和程序来制造,在生产车间,为这些产品系列构建由不同类型设备组成的制造单元。

(2)单元制造(Cellular Manufacturing,CM)

单元制造采用成组技术的思想,将不同的生产设备或过程聚合到单元中,每个单元或过程完成特定的零件、产品族或有限家族组的生产。单元制造是成组技术思想在工厂重构和车间布局设计中的应用。

单元制造可以在一组专用设备或制造工艺上处理一组类似零件。如图 1-1 所示,制造单元可以定义为一组功能不同的设备,布置在同一区域,专门用于制造一系列相似零件。零件族是指由几何形状和尺寸相似,或者它们所需要的制造加工步骤类似的零件集合。

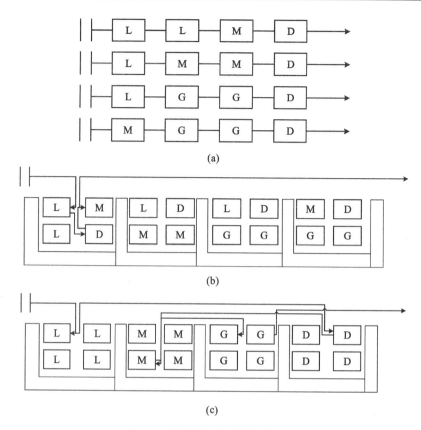

图 1-1　制造设施布局的传统形式

(a)按产品布局；(b)按单元布局；(c)按功能布局

　　单元制造由于其灵活的设计以及对劳动力和非劳动力资源的更高利用率而在工业生产中被广泛使用。传统制造严重依赖批量生产和大量库存(在制品和最终制品)，而单元制造则强调过程的流程和持续改进[9]。

　　单元制造是精益制造的一个子部分，它使用成组技术来生产各种相似的产品，并且浪费最少。在传统的机械制造车间，管理人员将车间划分为多个部门，并将相似的设备或过程分组为工位。处理完成后，物料将进出工作站。由于在这一过程中存在一些隐藏的低效率，因此在精益生产中把它称之为"浪费"。

　　单元制造系统(Cellular Manufacturing Systems，CMS)本质上是一组制造和/或装配单元，每个单元分别用于制造和/或装配零件族或产品组。通常的情况是，单元专用于单个产品族，每个产品族优先在其单元内生产，并且单元制造系统中的单元彼此具有最小的交互作用。单元制造系统之所以被推荐作为车间的替代品，是因为它们可以提供与流水线生产相当的运营效益。

　　单元制造是成组技术的一种应用，根据其加工的零件或零件族对设备或工艺进行分组，它已成功地应用于许多制造环境中。通过实施单元制造系统，可以为制造企业带来的显著好处包括[10]：

　　·缩短设置时间；

　　·减少在制品库存；

- 降低物料搬运成本；
- 降低设备成本和直接人工成本；
- 改进质量；
- 改善物流；
- 提高设备利用率；
- 提高空间利用率；
- 提高员工士气。

其实质是降低制造成本，生产出更高质量的产品，这也是 GT 具有吸引力的重要原因。

(3)传统的车间环境和单元制造环境的区别

传统的车间环境和单元制造环境的主要区别在于设备的分组和布局。在传统的车间环境中，设备通常根据其功能相似性进行分组，如图 1-2 所示。

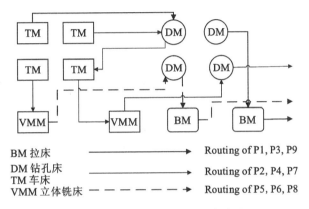

BM 拉床　　　　　　————————→ Routing of P1, P3, P9
DM 钻孔床　　　　　————————→ Routing of P2, P4, P7
TM 车床
VMM 立体铣床　　　- - - - - - - →　Routing of P5, P6, P8

图 1-2　传统车间环境中的设备布置

在单元制造环境中，设备被分组到单元中，以便每个单元专用于特定零件族的制造，如图 1-3 所示。

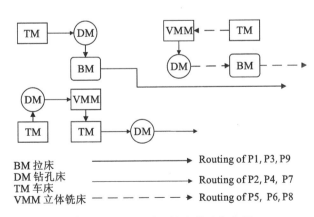

BM 拉床　　　　　　————————→ Routing of P1, P3, P9
DM 钻孔床　　　　　————————→ Routing of P2, P4, P7
TM 车床
VMM 立体铣床　　　- - - - - - - →　Routing of P5, P6, P8

图 1-3　单元制造环境中的设备布置

通常，每个单元中的设备在功能上是不同的。这样的一种安排，使得其中一组设备专用于特定的零件系列，从而可以更容易地控制单元制造系统。

1.1.3 规模定制与多样化管理

1970 年,Alvin Toffler 在 *Future Shock* 一书中提出了一种全新生产方式的设想:以类似于标准化或大批量生产的成本和时间,提供满足客户特定需求的产品和服务。1987 年,达维斯(Stan Davis)在《未来的理想生产方式》(*Future Perfect*)一书中,将这种生产方式称为大批量定制(Mass Customization)。大批量定制又称规模定制、大规模客户化生产、批量定制和批量客户化生产等,是一种既能满足客户的真正需求,又不牺牲企业效益和成本的生产方式[11]。

大批量定制是一种集企业、客户、供应商和环境于一体,在系统思想指导下,用整体优化的思想,充分利用企业已有的各种资源,在标准化技术、现代设计方法学、信息技术和先进制造技术等的支持下,根据客户的个性化需求,以大批量生产的低成本、高质量和高效率提供定制产品和服务的生产方式。

产品多样化可分为两类:①产品外部多样化,包括定制产品中有用的选项、不同的风格以及不同的规格等,能够起到增加客户对定制产品满意度的作用。②产品内部多样化,面向制造企业,包括产品结构、制造单元、业务流程和组织机构等方面的多样化。

如果没有合理的控制措施,产品外部多样化必然会相应地导致产品内部多样化。产品内部多样化通常是客户察觉不到的,但是会给企业的生产管理增加很大的难度,会增加个性化产品的成本,延长交货期,从而对大批量定制的实现产生严重的负面影响。

客户需求的个性化必将带来产品的多样化,产品的多样化往往又会导致生产的多样化,生产的多样化又会对成本和速度产生不利的影响。因此,在大批量定制生产方式下,必须正确处理产品外部多样化与产品内部多样化之间的关系,多样化管理是大批量定制管理的重要内容,其中包括客户需求的多样化管理、定制产品的多样化管理、生产计划的多样化管理和产品配送的多样化管理等具体内容[12]。

1.2 典型应用案例分析

一辆汽车由上万个零部件组成,组织生产需要上百家直接供应商和几千种外协零件(或总成),其物流系统十分复杂。随着汽车销售向按照订单生产转变,这就要求汽车公司的物流系统和生产系统具有更高的柔性。

精益生产方式的物流管理要求供应商生产零件每天运送一次,甚至一天运送几次(例如汽车水箱、前车厢、座椅之类的大部件)。这主要是为了减少整车厂的库存水平。在我国,主机厂和供应商往往相距很远,这就需要根据我国的实际情况制定合理的物流方式。例如,武汉神龙汽车公司实施国产件 200 km 布点原则,供应商位置超过 200 km 供货,即被要求在神龙公司附近设置中间库,来满足及时供货。外协件运到工厂后,按到货先后和紧急程度进厂,卸货至厂内卸货站台。而上海大众汽车有限公司对除标准件外的所有零件要求供应商及时供货,符合运输条件的零件供货厂商要直接送货到生产车间内的仓库(内库)。无运输条件的供货商必须在上海大众附近租用仓库,并要通过配送中心向上海大众及时供货。

以上的方法虽然可以满足主机厂"准时生产"的要求,但存在很大的缺点:厂内的储存点和储存量较大,库存成本较高;调度协调工作量和难度较大。对这个问题的解决方法是直送看板供应,即主机厂以看板作为指令,供应商按照看板要求（产品需要的数量、时间和排产顺序等）将外协件直接运到生产线边,而不进入主机厂的内库。

准时化生产（Just In Time,JIT）是精益生产的两大支柱之一,JIT 方式下理想的批量规模是"1",一个工人完成一道工序,然后将零件传送至下一个工序去加工。JIT 的实施强调进行"一个流"的生产和拉动式的生产。这就对供应商提出了直送零件到装配工位的要求。对汽车制造企业来说,其生产工序一般可以按照机械加工工序和装配工序来划分。下面分别讨论在这两种工序中实现"一个流"的方法。

（1）机械加工工序

在传统的设备布局中,采用料箱或料车作为在制品、半成品的主要搬运工具,物品达到一定的数量后,才搬运至下一道工序,工序之间存在较大的在制品数量。在设备单元化布局中,采用传送带、滑道或滚道等传运零件,如果相邻的机床加工节拍基本平衡,那么,生产就可以按照"一个流"的方式进行。在精益生产方式中,制造单元规划往往是采用"U"形布置机床,如图1-4 所示。

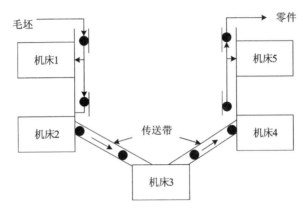

图 1-4　精益生产的"U"形制造单元的布置

不同功能的加工设备根据工艺要求,按加工顺序组合成为一个相对独立的单元,并尽可能平衡设备的加工节拍,使生产节拍相对保持一致,并且在设备之间设置合适的上下料道。采用"U"形制造单元可以大大减少零件的传递路线和无效工时,实现了"一个流"的运行状态,方便操作,提高了生产效率。

（2）装配工序

以汽车发动机生产车间为例[13],从整个车间的物流规划中可以体现精益生产"一个流"的特点,如图1-5 所示。

上述布局的特点具体分析如下:

①物流距离短:毛坯库靠近零件机加工线的始端,零件机加工线的末端靠近总成装配线的入口,外购件库靠近总成装配线,总成装配线末端靠近总成的成品库。

②库存量最小、库存面积最小——目标零库存。

③物流合理:零件的流水生产线上各工序的物流要畅通,无迂回,几个零件公用设备的物流无干涉,无多余搬运。

④设计和选择合理的工位器具、运输工具和车辆。

⑤返修场地最小。

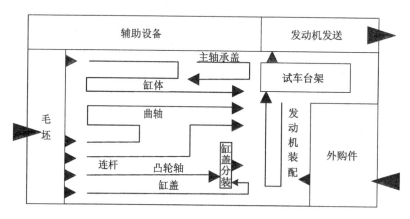

图 1-5　汽车发动机车间的物流规划

⑥机床之间的距离应尽量小。

⑦生产线尽量按"U"字形布置,有利于一人多机管理。

⑧为生产服务的相关后方辅助部门必须布置在现场,如机修和刃磨、工具分发、精密测量室、快速金相实验室、快速理化实验等。

精益生产认为一切不产生附加价值的过程都是浪费,并且旨在消除浪费,达到零缺陷,这样也是从成本方面考虑到了顾客的需求。它的小批量、单件流的优点恰好与大量生产方式的缺点形成鲜明对比。因此,精益生产实际上是综合了大量生产与单件生产方式的优点,力求在大量生产中实现多品种和高质量产品的低成本生产[14]。

1.3　本章小结

精益生产方式的核心思想是以整体优化的观点合理地配置和利用生产要素,通过持续不断的改进,消除生产过程中的一切浪费现象,使企业的产品在价格、质量、交货期和售后服务等几个方面都具有竞争力,按订货合同组织生产,追求无废品和零库存,从而获得最佳的经济效益。

单元制造系统已经成为许多原始设备制造商(Original Equipment Manufacturer,OEM)和作业车间引入基础设施的优先选择,尤其是在要求减少设置时间、准时生产、以提高生产率和运行效率为目的的设计等过程。可以使用各种标准来定义零件族和制造/装配单元的焦点。从家具制造、汽车装配到造船,各个行业都采用了单元制造。除了为工厂重组提供基础外,单元化制造理念和设计概念还可以扩展到劳动力培训、设备设计、制造组织的战略规划等领域。

2 单元制造的原理

2.1 单元制造的含义

单元的英文是"cell",而 cell 又可以译为"细胞",于是单元制造就变成了"细胞制造"。如果把一条生产能力很高的生产线变成若干条生产能力较低的小型生产单元,那么产量变化时就可以像细胞分裂那样根据需要增加或者停止其中的一个或几个单元。

如图 2-1 所示,在大批量生产方式下,当日产量由 1000 台减为 700 台或者增加为 1200 台时,生产线必须重新编程,这会浪费大量的时间。在单元制造方式下,当日产量由 1000 台减为700 台或者增加为 1200 台时,只需增减一些生产单元,就可以节约大量的时间。此外,在切换产品型号时,单元制造方式也同样具有优势。

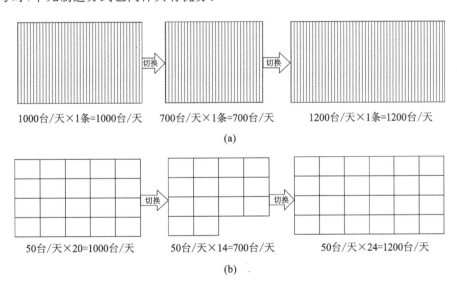

图 2-1 不同制造方式下的产量变动
(a)大批量生产方式下的产量变动;(b)单元制造方式下的产量变动

如图 2-2 所示,在大批量生产方式下,当产品由 A 型号转化为 B 型号或者 C 型号时,生产线必须重新编程,浪费了大量时间;而在单元制造方式下,产品 A、B、C 同时生产,无须转换生产线,可以节省大量时间。

单元制造系统可以根据生产变动有弹性地让一部分生产单元运作、停止或生产其他型号的产品,继续运作的生产单元则不必变更生产数量(不改变节拍和编程)就可以实现产品数量和型号的调整。

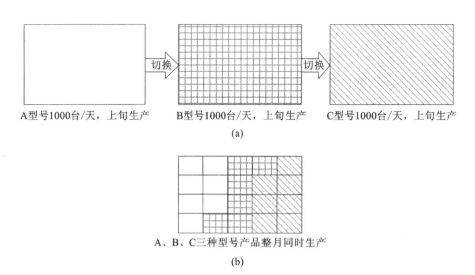

A型号1000台/天,上旬生产　　B型号1000台/天,上旬生产　　C型号1000台/天,上旬生产

(a)

A、B、C三种型号产品整月同时生产

(b)

图 2-2　产品型号切换

(a)大批量生产方式下的产品型号切换;(b)单元制造方式下的产品型号切换

在根据客户订单安排生产的模式下,单元制造具有更大的优势。因为对于采用流水线生产的企业而言,如果新产品和旧产品不能共线生产,那就必须根据市场预测提前结束旧产品的生产而切换到新产品。而单元式生产可根据客户订单的情况及时进行切换和调整,像细胞分裂一样增减生产单元,来实现产品型号和生产数量的变动。

2.2　单元制造的生产周期

单元制造的首要目标是削减在制品,从而降低成本,缩短订单交付时间(Lead Time)。根据利特尔法则:

$$\text{Lead Time}＝存货数量×生产节拍$$

为实现压缩生产周期的目标,一个最好的途径就是削减在制品,降低存货数量。一系列因素影响着存货数量,最终又影响了 Lead Time。

在传统生产方式下,影响在制品数量的因素有很多,具体分析如下:

(1)生产能力不平衡

生产由一系列的工序组成,各工序的生产能力不同。例如,如果加工工序全力工作一天能加工 500 个产品,而后续的组装工序一天只能组装 300 个产品。这样,如果允许机加工车间全力生产,每天势必制作出 200 个无法消耗的在制品库存。

(2)布局没有流水化

从事加工的常规企业,往往按照设备类型布局,例如,车床和车床在一个车间,铣床和铣床在一个车间。这种布局虽然具有整齐划一、简洁明快的优点,但缺点也是非常明显的:在产品加工过程中,需要把产品从一台设备转移到另一台设备。由于设备分类摆放,势必使得产品要从一个生产车间转移到另外一个车间,存在着明显的搬运浪费。

为了消除这种浪费,企业往往采取批量搬运的方法。例如,每天有 1000 个产品需要搬运,如果每加工完一个就立刻搬运到下一道工序,则需要搬运 1000 次。如果凑足 500 个才搬运一次,那么一天搬运两次就够了。假如采用这种方式,自然能够削减搬运的浪费,与此同时却会造成在制品库存的产生。

(3)生产顺序不一致

在生产加工项目比较多的情况下,各个生产单元按照各自的生产顺序进行生产,从而使得最终任务完成率反而降低。

在多品种、小批量产品的生产企业,经常会遇到生产顺序不一致造成的困难:组装产品需要 1000 个零件,哪怕其中的 999 个零件都到货了,只要还缺 1 个零件,产品就没法组装。

例如,某工厂三个机加工车间的生产任务完成率高达 90% 以上,但是,最后总装车间的任务完成率却只有不到 50%,为什么呢? 就是由于生产顺序不一致。

(4)大型设备切换次数少

拥有大型设备的工厂通常同时要生产多个品种,以满足多条生产线的需要。由于品种的切换需要时间,会带来产能的损耗。因此,企业往往通过减少切换次数来降低产能的损耗。但是,较少的切换次数意味着较高的库存。

(5)维持各工序的连续生产

通常情况下,各工序的合格率并非 100%,如果在制品过少,由于其中可能存在的废品,生产随时可能会被迫中断。因此,企业往往要采用增加在制品的方法来应对。

针对上述问题的对策如下:

① 生产能力不平衡——单元制造;

② 布局没有流水化——单元制造;

③ 生产顺序不一致——拉动看板、鼓-缓冲-绳法(Drum Buffer Rope,DBR);

④ 大型设备切换次数少——快速换模(Single Minute Exchange of Die,SMED);

⑤ 维持各工序的连续生产——全面质量管理(Total Quality Management,TQM)、全面生产管理(Total Production Management,TPM)、六西格玛(6 Sigma)。

2.3 单元制造的形式

在生产实际中,单元制造有三种形式,分别是屋台式单元、逐兔式单元和分割式单元,其定义及布局形式如下:

2.3.1 屋台式单元

(1)定义

屋台式单元是指一位作业员拥有一个独立的单元。屋台式单元的命名来源于一种日本小吃摊贩的食品制作车,加工食品的食材、炊具全部放在车上,当顾客有需要时摊主当场制作,这种食品制作车叫作屋台。

如图 2-3 所示,屋台式单元就是由一个操作者负责完成全部作业,属于"一人完结"式作业。

(2)作业方法

操作者按照工艺顺序从头做到尾,并且每次只加工一个产品,从原材料开始,直到最终成为成品,不会在同一个工序出现几个在制品。

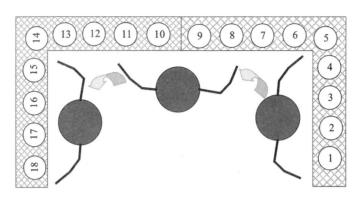

图 2-3　屋台式单元

（3）布局方式

因为采用"一人完结"的生产方式，所以操作者会沿着工艺路线由一道工序走向另一道工序，因此采用"U"形布局，使得第一道工序和最后一道工序连在一起。这样，做完最后一道工序后可以立刻开始下一个产品的第一道工序。

（4）物料流动

在屋台式单元中，只有一个在制品流动，因此平衡率达到了100%。

（5）特点

在屋台式单元中，要求满足以下两项要求：

① 机器设备数量充足。

② 员工技能多样。

因为每人一个单元，所以生产工艺所需的所有机器设备都要配置齐全；由于采用一人完结式作业方式，所以员工必须学会所有的作业方法，掌握所有的技能。

在满足上述条件的情况下，采用屋台式单元能够实现提高工作效率、压缩库存、缩短生产周期的效果。但是，如果不具备这样的条件，就不能贸然采用这种生产方式，因为不仅需要投入大量的机器设备，还需要开展长期的技能培训。

这种形式的单元被广泛用在：

① 以复印件、电视机为代表的电子装配行业。

② 以服装剪裁为代表的服装加工行业。

③ 使用小型设备的机加工行业。

2.3.2　逐兔式单元

（1）定义

逐兔式单元仍然采用一人完结式的作业方法，每个人从头做到尾。但是，与屋台式单元的不同之处在于，逐兔式单元采用一个单元内多个操作者的方式。虽然在一个单元内，但操作者并不进行工序分割，而是采用一人完结的方式进行你追我赶的作业。由于这种方式类似于龟兔赛跑，因此被称为逐兔式单元，如图2-4所示。

（2）作业方法

多人共用一条生产线，这些人并不进行工序分工，而是采用一人完结的方式，进行互相追

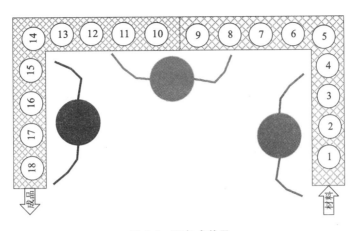

图 2-4　逐兔式单元

赶式的作业。

（3）布局方式

由于操作者采用一人完结式的作业方式，因此仍采用"U"形布局。

（4）物料流动

逐兔式单元内部的物流为：一个流。

（5）特点分析

由于多人共用单元，作业速度慢的人总会被作业速度快的人追赶上。这时，逐兔式单元内部就像是进行一场比赛，相互间你追我赶，使得单元的生产效率达到最优。

采用逐兔式单元可以很好地弥补屋台式单元对设备数量要求过高的问题。但是，由于作业员还是采用"一人完结"的作业方式，因此，对于员工技能多样化的要求仍然很高。

2.3.3　分割式单元

（1）定义

分割式单元是一个单元内有多个操作者，根据员工的技能情况合并作业，使得一个完整的工艺流程由几名操作者分工完成，如图 2-5 所示。

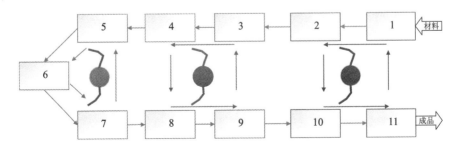

图 2-5　分割式单元

（2）作业方法

分割式单元采用分工作业，从而能够降低对员工多能化的要求。与传统分工作业的不同点：①传统分工作业往往尽可能进行作业细分，以求得作业数量的迅速提高。分割式单元则尽可能进行"一人完结"，在操作者确实无法掌握必要的作业技能的情况下才会进行作业分工。

因此,平衡率更高。②在分割式单元中,不同的操作者之间可以互相协助,从而提高平衡率,降低库存。而在传统的流水线布局或者按照设备类型的布局方式中,因为工序之间距离较远,很难做到这一点。

（3）布局方式

分割式单元采用"U"形布局,这样可以实现灵活的作业分割,从而提高生产线平衡率。

（4）物料流动

分割式单元内部的物流为:一个流。

（5）特点

分割式单元的生产平衡率没有屋台式单元和逐兔式单元的高,因此其中会存在生产瓶颈,在瓶颈和非瓶颈之间就会出现在制品。

分割式单元不需要操作者立刻掌握全部技能,不需要为每一位操作者配备一个独立的单元。因此,从投入的角度,这种形式无疑是最为快捷的;但是,这种形式的平衡率是最低的。

2.3.4　三种类型单元的综合比较

（1）三种类型单元的优缺点分析

以上三种类型单元的优点和缺点具体分析如表 2-1 所示。

表 2-1　三种类型单元的优点和缺点

类型	在制品	灵活性	投入（人、设备、场地）
屋台式单元	无	高	多
逐兔式单元	无	中	中
分割式单元	有	低	少

对于企业而言,究竟应该选择哪种类型的单元来进行产品生产呢? 建议根据企业的实际情况进行选择,可以分为两个阶段:首先,从"分割式"入手,因为这种方式投入少,无须大量设备,人员的培训要求也相对宽松一点。其次,有两个选择,一是从"分割式"向"逐兔式"转化,这时需要对作业员进行多能化培训;二是从"分割式"向"屋台式"转化,这时需要为每一位操作者配备一个独立的单元,因此,只有企业的机器设备相对于人员有剩余,或者机器设备特别廉价的情况下可以考虑,并非所有的企业都适用。

（2）三种类型单元的共性特点分析

以上三种类型单元的共同之处体现在:作业员站立操作、巡回作业,生产线逆时针流水化排布,单元的出入口一致。

① 作业员站立操作、巡回作业

在传送带生产线或按照设备功能布局的生产车间里,机器设备不动,作业员不动,在制品随传送带移动或在制品随搬运车移动。而在单元式生产中,要求操作者进行巡回作业。无论是采用"屋台式"单元还是"逐兔式"单元,操作者随着在制品一起移动,做完一道工序后立即转入下一道工序。因此,所谓巡回作业实际上就是操作者在单元内"转圈",所以操作者需要采用站立式作业。另外,站立作业使得操作者之间可以相互协作,从而提高生产线平衡率,如果每个人坐在自己的作业台前显然达不到这种效果。

② 生产线逆时针流水化排布

在单元中,工序按照逆时针顺序布局,主要目的是便于操作者采用一人完结式作业方式。因为大部分操作者使用右手,如果工序按照逆时针排布,操作者进行下一道加工作业时,工装夹具或者零部件在左侧,因此需要走到下一个工位才方便作业,这样就达到了巡回的目的。

③ 单元的出入口一致

单元式生产线也经常被称为"U"形生产线,其原因是很多单元生产线的外形看起来像"U"形,如图 2-6 所示。

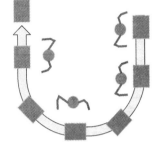

实际上,制造单元的外形不一定是"U"形,也可以是"n"形,还可以是"L"形、"口"形或"M"形。这些形式只是表象,其实质是制造单元的出口和入口必须一致。也就是说,制造单元的布局应当把原料的入口和成品的出口安排得足够接近,以便一个操作者可以同时处理原材料的投入和成品送出的作业内容。这样的安排具有如下优点:

a.有利于减少浪费

图 2-6 "U"形单元

如果出入口不一致,那么当一件产品完成后,操作者需要重新去取一件原材料加工,就会空着手从成品出口走到原材料入口,这段时间就是浪费。如果出入口一致,操作者就可以立即取到原材料开始加工,从而避免空手时的浪费。

b.有利于生产线平衡

在分割式单元中,每位操作者分配了不同的工作任务,如果出入口一致,各工序非常接近,就为一个人操作多道工序提供了可能,提高了工序分配的灵活性,从而取得更高的生产平衡率。

2.4　单元制造的特点分析

2.4.1　针对不同类型企业的解决方案

目前,单元制造的生产方式在日资企业中基本已得到普及,在欧美企业中正方兴未艾。由于各个企业的实际情况不同,推广单元制造的目标也不一致。针对不同类型企业所面临的问题可以给出相应的解决方案。

(1)预测生产型

这种生产方式是事先制造库存成品,然后按客户订单发货。从订购到成品出货的交货时间很短,但实际的生产周期却很长。

按照这种方式组织生产的企业,会遇到以下问题:

① 需求变动大,库存多

一些特定产品(例如玩具、饮料、羽绒服、取暖器等)的需求随季节变动很大,难以预测。如果销售时没有库存,就会失去销售的机会。因此,这一类企业的库存成品往往堆积如山。

② 不能紧急应对

这种以库存为中心的企业,往往批量生产同一种产品,无法按照客户的订购顺序组织生产。但是,随着客户需求的多样化和多品种化,产品的库存也渐渐膨胀起来,最终会达到企业无法承受的程度。如果预测准确,就能够满足客户的需求,但如果预测不准,就无法满足客户的需求。因此,预测生产型的企业,预测的准确程度被视为所有问题产生的根源。

(2)准备生产型

准备生产型企业采用的是事先准备好标准零件,然后按照订单进行成品组装的生产方式,其中所面临的问题是要对准备的标准件进行准确预测。因此,和预测生产型企业一样,生产准备型企业虽然交货周期变短了,但是实际的生产周期也很长。随着标准件库存量的增加,这类企业需要兼顾需求多样化和交货期缩短的问题。

由于这种生产方式的管理重点是标准件,因此也被称为"以标准件为中心的生产方式",其特点是把零件标准化作为重点来应对多品种、小批量的订单。

① 品种增加

伴随着需求多样化,产品的种类不断增加,企业间相互竞争的结果是不断推出新产品。比较而言,这一类追求标准化的企业推出新产品的速度相对较慢。

② 标准件库存多

由于品种变化大,标准件的数量相应地也要增加。为满足客户的多样化需求,品种会不断增加,标准件的库存也相应增多。

③ 产能利用率低

进行多品种生产,就必然会增加设备类型的切换,其结果将导致产能利用率的下降。

(3)接单生产型

接单生产是从接到客户订单开始准备原材料或者零件,然后按客户要求制造产品的生产方式。其中会面临以下问题:

① 生产计划变化快

从接收订单到开始生产,客户的需求不断变换,难以确定,这将造成设计部门、采购部门、制造部门发生混乱。

② 紧急订单多

销售市场瞬息万变,使得紧急订单增加,企业会长期处于手忙脚乱的状态。

③ 生产进度不稳定

因为市场变动引起的波动,再加上频繁的紧急订单,生产进度极不稳定。通常情况下,接单生产型企业的解决方法是产品标准化,然后为标准化的零件和材料建立库存。

对于上述三种类型生产企业存在的问题,最根本的解决之道是通过精益生产不断压缩生产周期。单元制造是精益生产体系中的一个首选工具,针对不同类型的企业,单元制造都能够发挥其独特的优势。

2.4.2　灵活应对市场变化

(1)快速交货,降低库存危险

通过增加完成品库存来应对紧急订单和计划变更的方法是错误的,因为这样会把问题推给销售部门,结果使工厂的应变能力越来越差。通过单元式生产能够在缩短交货期的同时降低库存。

(2)提高预测精度,迅速发现市场变化

当工厂不能灵活应对市场变化的时候,市场预测部门往往会承担巨大的压力,要求进一步提高预测精度的呼声会越来越高,这时,可以通过缩短预测时间来提高精度。由于单元制造的生产周期短,预测时间自然也会变短。因此,可以通过单元制造压缩预测时间,提高预测精度。

(3)产品灵活切换

在传送带生产方式下,一种产品生产结束后,需要进行切换,以便开始生产另一种产品。如果在多品种、小批量的情况下,这种切换将非常频繁,会浪费大量的时间和人工。在单元制造方式中,一个单元对应一种类型的产品,这样就不需要进行频繁的切换。

(4)生产能力变灵活

在单元制造模式下,一个完整的单元对应一个品种。如果市场需求变化,要求产品数量增加,这时可以通过调整单元的方法来解决。对于屋台式单元,可以采用增加单元的方法来应对;对于逐兔式单元,可以采用增加人员的方法来应对。

如图 2-7 所示,其中的数字表示不同的操作者,通过三种运转状态来应对增加产能的需求。

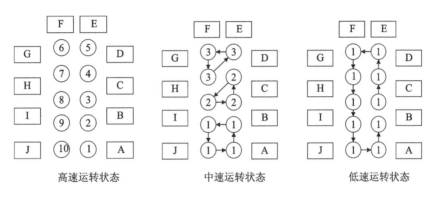

高速运转状态　　　　　　　中速运转状态　　　　　　　低速运转状态

图 2-7　单元的三种运转状态

① 高速运转状态:在客户需求量很大的情况下,采用高速运转状态,操作者 1,2,3,…,9,10 分别对应生产工序 A,B,C,…,I,J。

② 中速运转状态:在客户需求量降低的情况下,采用中速运转状态,只需要三位操作者 1,2,3 就可以了。这时,1 号操作者对应 A,B,I,J 工序,2 号操作者对应 C,D,H 工序,3 号操作者对应 E,F,G 工序。

③ 低速运转状态:在客户需求很小的情况下,采用低速运转状态,只需要一位操作者就可以了,这时候 1 号操作者对应 A,B,C,…,I,J 10 道工序。

2.4.3　降低人工成本

(1)减少手取放的浪费

在对流水线的改善中,每位操作者的作业时间设定都需要综合考虑,特别是在手工组装作业中,因为手取放会带来动作浪费。假设手取放的时间占总作业时间的 10%,如果把总作业时间延长一倍,那么手取放的时间就只占 5%。如果将流水线生产方式转变为单元生产方式,那么因手取放而造成的时间浪费几乎不用考虑。

(2)提高产能利用率

在组装领域,单元式生产的平衡率可以达到 90% 以上,采用屋台式单元可以达到 100%。

（3）独立运作，不受异常影响

在传送带生产方式中，存在一个明显的不足：一旦其中一个工位出现异常，那么整条传送带都会受影响；而单元生产方式中一旦某单元出现异常，最多只会影响本单元。因此，单元生产的效率更高。

2.4.4　有效减少场地

单元生产能够有效地减少生产面积，主要有以下原因：
① 取消传送带节省空间；
② 缩减工位间隙节省空间；
③ 减少在制品节省空间；
④ 布局优化节省空间。
大量的实践证明，实施单元制造后至少可以减少50%的生产面积。

2.4.5　便于员工沟通，工作热情更高

实践证明，实施单元制造后获得了一线操作者的热烈响应，这主要是因为实施单元制造会对他们进行多能化培训。在这一过程中，大家会每天都带着好奇心，带着学习的态度来工作，这将使他们的精神面貌发生很大的变化。

此外，由于单元的布局集中在一个区域，上下工序操作者之间的沟通会非常方便和顺畅，这会使得他们的工作热情更高。

2.5　应用案例分析

某生产线共有7道工序，每道工序安排一位操作者，一共有7位操作者，产出速度是每15秒1个，如图2-8所示。

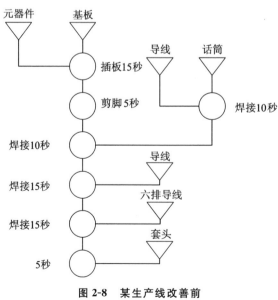

图 2-8　某生产线改善前

注：○代表工序。

改善方案一:把"插板"工序安排给一位操作者,合并"剪脚"和"焊接"两道工序,安排一位操作者完成,合并四道"焊接"工序安排给三位作业员完成,如图 2-9 所示。

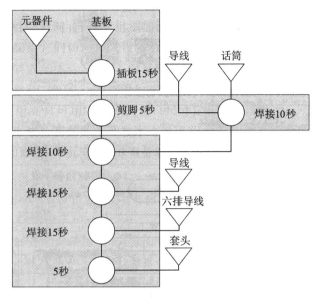

图 2-9　改善方案一

在上述改善方案中,主要采用了合并的方法,改善的结果是操作者数量由原来的 7 个减为 5 个,该生产线的能力仍然为 15 秒 1 个。

改善方案二:采用"合并到底"的思路,每个操作者负责一个单元,则生产平衡率可以达到 100%,为满足这一要求设计的单元布局如图 2-10 所示。

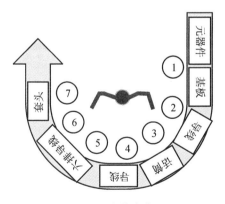

图 2-10　改善方案二

在生产线上,一条生产线不平衡往往会造成无谓的工时损失,还造成大量的工序堆积及存滞品发生,严重的话会造成生产的中止,所以其基本原则是通过调整工序的作业内容来使各工序作业时间接近或减少这一偏差。衡量平衡生产线效果的一个重要指标是生产线平衡率。

$$平衡率 = \frac{各工序的时间总和}{人或机器的数目 \times 生产周期} \times 100\% \qquad (2.1)$$

在原始方案中,各工序时间总和为 75 秒,通过公式(2.1)求得生产平衡率为 71.43%;在改善方案二中,各工序时间总和为 75 秒,操作工为 1 名,生产周期为 75 秒,通过公式(2.1)求得生产线平衡率为 100%。按照方案二进行改进,可以较好地解决时间利用率和生产平衡率之间的矛盾。

单元生产线实例

2.6 本章小结

在面临客户多品种和小批量需求时,传统流水线生产方式会遇到平衡率和时间利用率这两个难题,破解这些难题的关键在于找到一种可以迅速实现高平衡率的生产方式。

在传统的流水线生产方式中,主要是通过分工作业来提高效率。这种分工方法虽然能在短期内提高工人的熟练程度,但随着时间的推移,效率提高会趋于平缓。单元制造主要通过技能多元化、布局灵活化、作业动态化三大要素来实现对传统生产方式的改进。在不定岗、动态平衡的方式之下,员工的多技能化能够更加充分地调动他们的积极性,提高他们的成就感。

3 单元的形成方法

3.1 问题描述

单元制造是一种将生产系统划分为小的组或单元,使每个单元能够完全生产一系列零件或组件的策略。它是成组技术这种制造思想的应用,即可以将一个大问题分成可管理的组并有效地解决它。

在单元制造中,设备和零件(或组件)需要被分成若干组,以便为组内零件完成所有的加工过程提供一系列的设备。如果在现有分组情况下有零件不能完成所有的加工内容,则必须访问多个设备单元,从而导致单元间移动。当现有的工艺布局被重新组织成单元系统时,其目的是移动最小化、小区间移动,这些单元可能会需要额外的设备以实现其独立性。如果我们从一开始就构建单元系统,通常会创建基于产品的单元,以便使单元输出一个完整的产品或组件。

3.2 生产流程分析(Production Flow Analysis,PFA)

3.2.1 典型案例分析

单元是由一组用来加工一个零件族的设备组成的,这些设备需要被放置在车间的同一个区域当中。它可能是,也可能不是一个独立的制造单元,下面结合图 3-1 所示的例子进行说明。

图 3-1 表示了由 10 台设备组成的车间内部生产流程,这 10 台设备被分为三个子集,即(1,2,3)、(4,5,6)和(7,8,9,10),分别与零件族(A,B)、(C,D)和(E,F)相对应,其中的箭头表示零件依次通过的设备。例如,B 零件依次通过设备 1、4 和 3。设备组(1,2,3)和(4,5,6)是不同的单元。实际上,单元 1 中的设备(1,2,3)主要用于生产零件 A 和零件 B,但是设备 4 是生产零件 B 所必需的。因此,单元 1 需要依赖单元 2。相反,单元 2 完全控制了与其相关联的零件族(C,D)的生产,尽管如此,由于零件 B 的原因,它仍然依赖于单元 1。第三组设备(7,8,9,10)是一个独立的单元,因为零件 E 和 F 完全由其内部生产,而且该单元中的设备不生产车间内的其他零件。

假设有一个车间生产三种类型的零件,分别用 PA、PB 和 PC 表示。如图 3-2 所示,车间按照加工车间布局,其中加工类型相似的设备被布置在一起。第一部分包括两台车床,分别为 L1 和 L2;第二部分包括一台铣床 M1;第三部分由三台钻床组成,分别为 D1、D2 和 D3。表 3-1 中的工艺路线描述了三种零件在不同类型设备之间的生产流程。

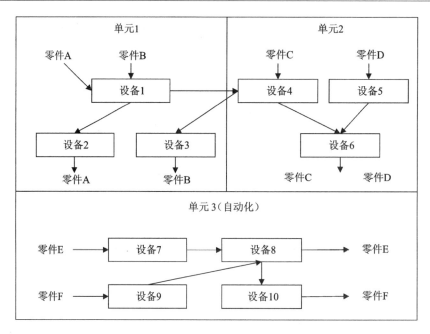

图 3-1　三个单元布局(其中包括一个自治单元)

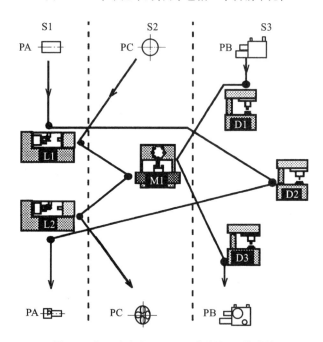

图 3-2　加工车间(Job Shop)布局及工艺路线

表 3-1　零件的加工工序

工序	PA	PB	PC
1	在 L1 车削	在 D1 钻削	在 L1 车削
2	在 D2 钻削	在 M1 铣削	在 M1 铣削
3	在 L2 车削	在 D3 钻削	在 L2 车削

在实际生产环境中,零件和设备的数量非常多,若采用图 3-2 所示的图形表示加工流程将不便于我们找到可行的单元,为此,采用图 3-3 中的矩阵来表示零件的加工路线。这种表示方式将使我们稍后将要描述的推理更容易实现,因此本书后续章节提出的许多方法都会用到它。

	D1	D2	D3	L1	L2	M1
PA		2		1	3	
PB	1		3			2
PC				1	3	2

图 3-3　图 3-2 中工艺路线的矩阵表示

在该矩阵的行中,列出了零件的工艺路线。例如,对于零件 PA,在 PA 这一行和 L1 这一列交叉处的数字 1 表示零件 PA 使用设备 L1 进行加工路线中的第一次操作,以此类推,使用设备 D2 进行加工路线中的第二次操作,使用设备 L2 进行加工路线中的第三次操作。因此,在这个矩阵中,有九个数据是与 PA、PB 和 PC 所需要的九个操作相对应的。通过对这个矩阵式表格的分析,可以确定使用与每个设备相对应的零件。例如,在图3-3的示例中,可以看出设备 L1 将分别被零件 PA 和 PC 使用。

3.2.2　成组分析

可以使用不同的准则来创建单元,从而得到不同的解决方案。每个准则都是从不同角度分析生产流程的一种方法。首先我们介绍将要使用的主要标准,以及它们的流程和矩阵表示。

(1)搜索独立于资源的零件

当两个零件从不使用同一台设备时,它们被认为是独立于资源的。这一阶段的目的是识别出那些独立于资源的零件族以便确定设备集的第一个部分。有关加工中心在工艺路线中的使用顺序的信息与这些零件族的检测无关。搜索过程如下:通常使用图 3-4 中表格的简化形式表示,称为零件-设备矩阵。为了实现这一搜索过程,我们从图 3-3 中的矩阵开始,用 1 替换其中的每个非零值,并用 0 填充其他的空格。然后得到图 3-4 中的二进制矩阵,其中数字 1 表示一个零件需要利用一台设备的加工,而数字 0 表示该零件不利用该设备,我们把这个矩阵表示为零件-设备的操作矩阵。为了简化矩阵的读取,在后面的矩阵表示中将不包含其中的 0。

	D1	D2	D3	L1	L2	M1
PA	0	1	0	1	1	0
PB	1	0	1	0	0	1
PC	0	0	0	1	1	1

图 3-4　零件-设备矩阵的二进制表达

从图 3-4 可以看出,零件 PA 的加工路线是使用设备 D2、L1 和 L2,零件 PB 的加工路线是使用设备 D1、D3 和 M1。由于这两个零件从不使用相同的设备,因此它们是独立于资源的。相反,零件 PC 与零件 PA 共享设备 L1 和 L2,与零件 PB 共享设备 M1,因此,PC 的加工路线并不独立于 PA 和 PB 的加工路线。

重新排列后的矩阵如图 3-5 所示,其中显示了可以识别两个潜在单元的矩阵。第一个包括零件 PA 和设备 D2、L1 和 L2;第二个包括零件 PB 和设备 D1、D3 和 M1。在阴影方格中显示了同一单元内零件和设备的耦合,并强调了 PA 和 PB 加工路径的独立性。在这一阶段,零件 PC 没有与任何一组设备相连接,因此,在与零件 PC 相对应的行,各方格中没有阴影。通过这种排列,可以将设备和零件排列成升序的单元,使得具有阴影的方格形成对角线块。

			设备					
			1	1	1	2	2	2
			D2	L1	L2	D1	D3	M1
零件	1	PA	1	1	1			
	2	PB				1	1	1
	2	PC		1	1			1

图 3-5 重新排列后的二进制矩阵

在图 3-6 中,把每个先前识别出来的单元的设备聚集在同一个位置上,以便显示其与资源无关的部分。可以看出,图 3-6 中的流程比图 3-2 中的流程更清晰。与工作车间(Job Shop)不同,单元是由不同类型的设备组成的。

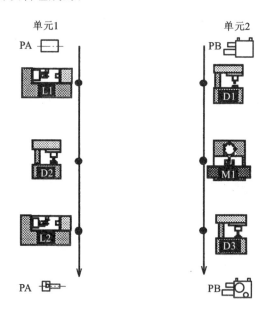

图 3-6 资源独立的流程

如果必须制造零件 PC,则会出现将零件 PC 分配到其中哪一个单元中去的问题。在图 3-7 中,我们发现零件 PC 使用单元 1 的设备(L1,L2)和单元 2 的设备 M1。无论选择哪种解决方案,加工流程都将保持不变。

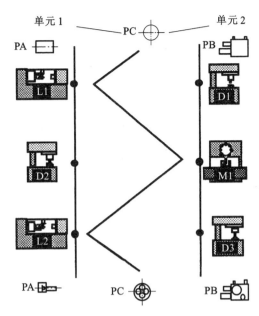

图 3-7　零件 PC 应该如何分组

（2）单元外操作最少化

该标准的目的是将零件分配到单元外部执行的操作数减至最少。以这个作为操作标准，在图 3-8 所示范的矩阵中通过对角线块之外 1 的数量来测量需要在单元外执行的操作数量。如果决定不在示例的车间中制造零件 PC，则流程可以用图 3-2 和图 3-7 表示，并且额外的单元操作数量将为零。如果零件 PC 是在车间内部制造的，其目的应该是将其分配到一个单元中，以使其需要在单元外完成的操作数量最少化。下面让我们根据零件 PC 的分配来探讨单元的独立程度。

		1	1	1	2	2	2
		D2	L1	L2	D1	D3	M1
1	PA	1	1	1			
1	PB				1	1	1

图 3-8　分配 PC 前的二进制矩阵

如果零件 PC 与零件 PB 分配在单元 2 内（图 3-9），则会出现两个单元外的操作，即车床 L1 和 L2 上的车削操作。如果零件 PC 与零件 PA 位于同一单元内，则在单元外部执行的唯一操作是在设备 M1 上铣削，如图 3-10 所示。这个解决方案可以使单元外的操作数量最少化。设备旁边的每一个数字代表这台设备上的一个操作。这些单元，单元内和单元外的操作，以及零件在单元间和单元内的移动（流动）都可以被清楚地看到。

（3）单元外设备负荷的最小化

设备负荷是指在设备上生产给定数量零件所需的时间。根据负荷标准对零件和设备进行分类的目的是使所有完成单元外作业的设备负荷最小化。在我们讨论的例子中，在车床 L1 上车削零件 PA 将需要持续 4 小时，这意味着设备 L1 的负荷对于零件 PA 为 4 小时。通过将操作矩阵（图 3-4）（PA，L1）中的数字 1 替换为数字 4 来表示。对所有的操作都执行这样的操作之后将生成一个零件设备矩阵,其中的数字对应于零件所需的设备负荷。在操作最小化的情况下,可以考虑零件 PC 的两个分配,如图 3-11 和图 3-12 所示。

		1	1	1	2	2	2
		D2	L1	L2	D1	D3	M1
1	PA	1	1	1			
2	PB				1	1	1
2	PC		1	1			1

图 3-9　PC 分配在单元 2 内的二进制矩阵

		1	1	1	2	2	2
		D2	L1	L2	D1	D3	M1
1	PA	1	1	1			
1	PC		1	1			1
2	PB				1	1	1

图 3-10　PC 分配在单元 1 内的二进制矩阵

		1	1	1	2	2	2
		D2	L1	L2	D1	D3	M1
1	PA	2	4	3			
2	PC		2	10			50
2	PB				3	8	10

图 3-11　图 3-9 中设备负荷的矩阵表示

		1	1	1	2	2	2
		D2	L1	L2	D1	D3	M1
1	PA	2	4	3			
1	PC		2	10			50
2	PB				3	8	10

图 3-12　图 3-10 中设备负荷的矩阵表示

　　如果零件 PC 被分配到单元 1(图 3-11),对应于铣床 M1 的铣削操作有 50 小时负荷需要在单元外执行。如果零件 PC 分配给单元 2(图 3-12),则在单元外执行的两个相应操作需要 12(2+10)小时的总负荷。因此,图 3-12 所示的解决方案最符合设备负荷标准。

　　采用优化负荷标准的解决方案如图 3-13 所示,可以清楚地看到单元、操作、单元外和单元内负荷以及工件的流量。

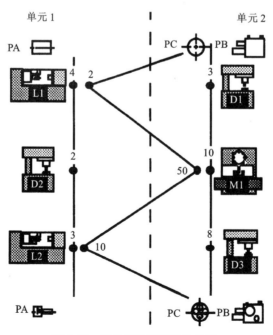

图 3-13　用负荷准则获得的单元

(4)单元间生产流程的最小化

在前面的两种分类方案中都使用了工艺路线的相似性标准,但没有考虑设备之间的零件流动数量。根据流量标准进行分类是基于设备之间零件移动的测量,允许将劳动力需求较高的设备聚集在同一个单元中。

如图 3-14 所示,箭头和标签表示通过车间传递的制造订单的数量。其中,零件 PA 和 PB 分别按照 3 个和 2 个订单制造。零件 PC 有 50 个订单。为了强调这一主要区别,对应 PC 加工路线的物流量用一个较粗的箭头表示。如果从这个角度来看,设备 L1、M1 和 L2 将直观地放置在同一个单元中。在图 3-15 的矩阵中也可以看到这种结果,图 3-11 中的负荷被每个零件的订单数量所代替。单元间物流量(50+50=100)大于单元内物流量(3+3+3+2+2+2+50=65)。

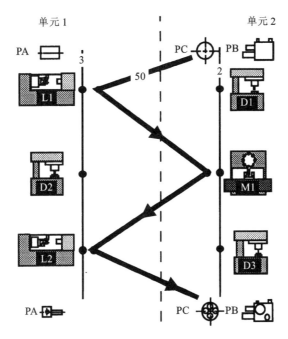

图 3-14 设备间的物流

图 3-16 中提出的单元组织形式描述了一种单元间物料流动最小化的解决方案(单元内 50+50+50+3+2+2=157,而单元间 3+3+2=8)。

		1	1	1	2	2	2
		D2	L1	L2	D1	D3	M1
1	PA	3	3	3			
2	PC		50	50			50
2	PB				2	2	2

图 3-15 单元外部负荷最小化

		1	1	1	2	2	2
		D2	L1	L2	D1	D3	M1
1	PC	50	50	50			
2	PA	3	3		3		
2	PB			2		2	2

图 3-16 单元内部物流最小化

图 3-17 以图形的形式表示了该解决方案,其中与最大箭头相对应的物料流量保持在单元 1 内。值得注意的是,在本例中,最符合物流标准的解决方案并非先前研究标准中的任何一个

解决方案。其中,需要强调的是,在这个方案中,我们把生产订单作为生产流程的量度。

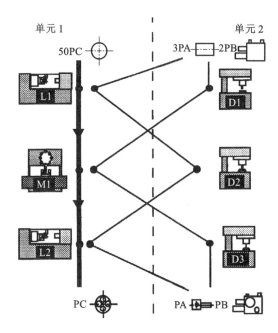

图 3-17   从单元间物流最小化中获得的单元

3.2.3   基于生产流程分析的相似性分析

在上一节的分析中已经了解到,对于零件族或设备组而言,解决方案并不总是相同的,这取决于分组标准是单元外操作数量最少化、单元外操作导致的设备负荷最小化还是单元间物料流动最小化。

如图 3-18、图 3-19 和图 3-20 所示,在这三种最小化解决方案中,没有一个单元与另一个单元的解决方案相同。然而,其中也可以发现一些相似之处。例如,设备 L1 和 L2,不管使用什么标准,都被系统地放置在同一个单元中;而其他设备,如 D1 和 L1,从来没有被分配到同一个单元中(分组结果的一致性)。考虑到这三个标准所反映的观点,单元设计者应当把设备对(L1,L2)和(D1,D3)作为单元的核心。接下来的问题就是,把 D2 分配到 L1 和 L2(图 3-17),或者是 D1 和 D3(图 3-20);在考虑上述三个标准的前提下,单元设计人员可以找到关于设备 D2 分配的共识。

		1	1	1	2	2	2
		D2	L1	L2	D1	D3	M1
1	PA	1	1	1			
1	PC		1	1			1
2	PB				1	1	1

图 3-18   基于操作标准的单元

		1	1	1	2	2	2
		D2	L1	L2	D1	D3	M1
1	PA	2	4	3			
2	PC		2	10			50
2	PB				3	8	10

图 3-19 基于设备负荷标准的单元

		1	1	1	2	2	2
		L1	L2	M1	D2	D1	D3
1	PC	50	50	50			
2	PA	3	3		3		
2	PB			2		2	2

图 3-20 基于物流标准的单元

通过使用与图 3-21 相似的设备-设备矩阵和自动聚类技术,可以极大地促进稳健单元核心的识别和一致性的搜索。这个矩阵的任何一个方格的内容都表示两个工作中心在同一个单元中被分类在一起的次数,所有的标准都被考虑在内。我们把这个矩阵命名为 PFA 相似矩阵。例如,第 D1 行、第 D3 列的数字 3 表示这两台设备在同一个系列中被分为三类,如图 3-21 的矩阵所示。它也对应于所研究的解的数量。行 D1 和列 L1 交叉处的数字 0 表示这两台设备从未在同一个单元中被组合在一起,无论选择其中哪个单元。因此,数值 3 和 0 表示解决方案之间的总体一致性。0 到 3 之间的其他值表示不一致,可以理解为部分协议。事实上,D2 行和 L1 列交叉处的数字 2 表明,这两台设备在三个建议的解决方案(图 3-18～图 3-20)中有两次位于同一单元格中。图 3-21 中的矩阵是一个对称矩阵,其对角线元素总是等于 3,因此它们不会提供任何有用的信息。由此得到的总协定在图 3-22 的上半矩阵中表示,其中仅保留 3 和 0。图 3-21 表示在识别了两个稳健的单元核心(L1,L2)和(D1,D3)之后,单元设计器在示例中面临的问题。设计人员必须将零件以及设备 D2 和 M1 分配给单元核心。

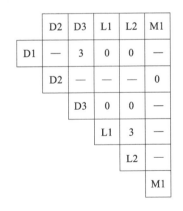

	D1	D2	D3	L1	L2	M1
D1	3	1	3	0	0	2
D2	1	3	1	2	2	0
D3	3	1	3	0	0	2
L1	0	2	0	3	3	1
L2	0	2	0	3	3	1
M1	2	0	2	1	1	3

图 3-21 PFA 相似性矩阵

	D2	D3	L1	L2	M1
D1	—	3	0	0	—
D2		—			0
D3			0	0	—
L1				3	
L2				—	
M1					

图 3-22 总一致性矩阵

PFA 相似性的概念可以应用于零件、设备,以及包括零件和机器在内的集合。虽然本研究是针对设备进行的,但是该方法可以很容易地应用到零件或零件加机器的集合中。

3.2.4 最终单元的形成

不管在前面的生产流程分析中提出了什么样的解决方案,在任何情况下都必须注意工件在单元之间的移动,因为任何移动都会导致单元管理的分散性。在某些情况下,必须消除单元间的移动。因此,本节将举例说明如何通过设备投资来解决这个问题。

如果使用从图 3-23 中的操作标准获得的分类,会发现零件 PC 的其中一个操作是在单元

1之外执行的,因为它需要机器 M1。图 3-24 的 M1A 指出,如果公司能够证明购买第二台机器是正当的,那么它执行与 M1 相同的任务就会被消除了,也就是消除了所有单元间的移动。图 3-25 表示按照这一解决方案创建的两个独立单元。

		1	1	1	2	2	2
		D2	L1	L2	D1	D3	M1
1	PA	1	1	1			
1	PC		1	1			1
2	PB				1	1	1

图 3-23　初始方案

		1	1	1	2	2	2	2
		D2	L1	L2	M1A	D1	D3	M1
1	PA	1	1	1				
1	PC		1	1	1			
2	PB					1	1	1

图 3-24　通过购买设备形成的独立单元

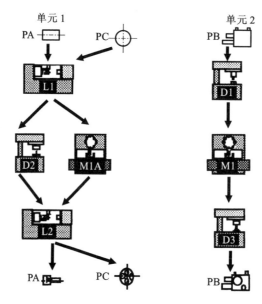

图 3-25　两个独立的单元

3.3　基于 0-1 矩阵的单元形成方法

3.3.1　基于设备-零件关联矩阵的块对角化问题

表 3-2 所示是一个被称为设备-零件关联矩阵的例子。其中,矩阵的行表示设备,列表示零件,"1"表示零件需要设备进行处理。在这里并没有使用实际操作顺序和可用设备数量等信息,这些将在后续的分析中加以考虑。

如图 3-26 所示的设备-零件关联矩阵,很难清楚地看出其中包含的零件族和设备单元,是否有单元间移动,以及确切的组数。根据矩阵中行和列的分布位置,将得到不同的解决方案。其中一种方法是将行和列交换后的矩阵进行分块对角化,以便将所有的 1 都带到对角线上,其结构如图 3-26 所示。

表 3-2 设备-零件关联矩阵

	1	2	3	4	5	6	7	8	9	10	11	12	13	14	15	16	17	18	19	20	21	22	23	24	25
1	1	1		1	1		1	1	1		1		1	1		1		1	1	1		1	1		1
2	1	1	1		1	1	1		1		1		1	1		1			1	1			1		
3			1	1				1		1		1	1		1		1	1	1		1				
4	1	1	1		1		1	1	1	1	1		1	1	1	1		1	1	1					1
5	1	1	1	1		1			1								1		1			1	1	1	1

零件 设备	1	2	20	7	11	14	9	5	22	4	12	18	8	17	25	19	23	15	3	13	6	24	16	10	21
1	1	1	1	1	1	1	1	1	1																
2	1	1	1	1	1	1	1	1																	
4	1	1	1	1	1				1																
5	1	1	1				1	1																	
1										1	1	1	1	1	1	1	1	1							
3										1	1	1	1	1				1							
4										1	1	1	1	1											
5										1	1	1		1		1		1							
2																			1	1	1	1	1		1
3																			1	1			1	1	
4																			1	1	1	1	1	1	
5																			1	1	1	1			

图 3-26 设备-零件关联矩阵的块对角结构

通过图 3-26 所示的块对角结构化方法,可以提供的有效帮助体现在以下方面:

①单元数的范围。可以通过其中块的数目来定义单元数的下限。

②设备和零件组成。其中的每个块都将设备组与零件族匹配。

③单元的复杂性。主要由块中所包含的设备类型与零件加工要求不匹配的零件数量来表示。

④瓶颈设备。是指两个或两个以上零件族共享的设备类型,例如其中的设备 6 和设备 8。从成本和可用性的角度考虑,可以做出是否重复购买设备的决定。

⑤瓶颈零件。需要两个以上单元的设备的零件,例如其中的第 2 个零件。

⑥额外操作。是指需要在另一个单元中进行额外操作的零件,例如其中的第 9 个零件。

⑦单元形成的可行性。是否有可能从块中识别出单元?如果有,是否实际可行?例如,可以很容易地从图 3-26 中识别出单元,而在表 3-2 中则非常困难。

⑧零件分类。零件可进一步分为三类:(a)仅使用非瓶颈设备的零件;(b)同时使用瓶颈设备和非瓶颈设备的零件(需要考虑设备复制、单元间流程、布局设计和分包的成本模型);(c)仅

使用瓶颈设备的零件(包括在候选单元中选择更详细的成本分析)。

⑨车间布局。与需要瓶颈操作的块相对应的单元和零件必须彼此靠近。

⑩单元稳定性。可以为不同的零件混合生成块对角线结构,以验证布局在一段时间内是否稳定,或者为各种零件混合创建稳定的布局。

⑪改进策略。采取减少安装和获取新设备的策略,可以把焦点集中在瓶颈设备和单元上。

3.3.2　相关数学模型

考虑在设备-零件关联矩阵中分组问题的两个数学公式,第一个是 p-中值问题,其构建目标是最大化设备之间的相似度之和;第二个是线性单元的形成,它的构建目标是最小化给定数量零件族的单元间移动数量。

(1)p-中值公式

p-中值公式通过将设备分为固定数量的组,或将零件分为固定数量的族来寻求形成固定数量的单元。设备的相似矩阵由设备-零件关联矩阵构成,具体如下:

$$s_{ij} = \sum_k d_k$$

$$d_k = \begin{cases} 1, a_{ik} = a_{jk} \\ 0, 其他 \end{cases} \tag{3.1}$$

设备 i 和 j 之间的相似性表示两台设备上需要处理的零件数量加上其中一台设备上不需要处理的零件数量。设备被按照相似性程度最大化的原则进行分组。

设 $x_{ij} = 1$,如果设备 i 被分配给核心(中值)设备单元 j,则 $x_{ij} = 0$;否则:

$$\text{Maximize } Z = \sum_i \sum_j s_{ij} x_{ij} \tag{3.2}$$

$$\sum_i x_{ij} = 1, \forall j \tag{3.3}$$

$$\sum_j x_{ij} = p \tag{3.4}$$

$$x_{ij} \leqslant x_{jj}, \forall i, j$$

$$x_{ij} = \begin{cases} 1, 设备 i 被分配给单元 j 的核心(或中值)设备 \\ 0, 其他 \end{cases} \tag{3.5}$$

目标函数[式(3.2)]是使相似性的总和最大化,也就是说,期望成组的设备应具有相似的加工要求。第一个约束[式(3.3)]将每台设备仅分配给一个组。第二个约束[式(3.4)]确定组的数目。如果 $x_{jj} = 1$,则存在一个以设备 j 为中值的组。第三个约束[式(3.5)]确保只有当存在这样的单元时,设备才被分配给具有中值 j 的单元。

$p-$中值问题是一个已知的多项式困难(NP Hard)问题,没有可以保证获得最优解的算法。由给定的相异性(或距离)最小化来替代最大化相似性,可以解决类似的问题:

$$d_{ij} = \sum_k |a_{ik} - a_{jk}| \tag{3.6}$$

可以看出,$d_{ij} = n - s_{ij}$,其中 n 是零件的数量。一旦设备成组,零件将被分配给访问量最大的设备组,这种捆绑将通过分配给较小的组来加以分离。

(2)线性单元形成问题

这个问题的目标是使给定数量组的单元间移动最小化,设:

$$x_{ik} = \begin{cases} 1, \text{如果设备 } i \text{ 在单元 } k \text{ 中} \\ 0, \text{其他} \end{cases}$$

$$y_{jk} = \begin{cases} 1, \text{如果零件 } j \text{ 在单元 } k \text{ 中} \\ 0, \text{其他} \end{cases} \tag{3.7}$$

$$\text{Minimize } Z = \sum_i \sum_j \sum_k a_{ij} \mid x_{ik} - y_{jk} \mid$$

$$\sum_k x_{ik} = 1 \,\forall\, i \tag{3.8}$$

$$\sum_k x_{jk} = 1 \,\forall\, j \tag{3.9}$$

$$x_{ik}, y_{jk} = 1 \text{ 或 } 0 \tag{3.10}$$

目标函数[式(3.7)]表示单元间移动量的总和。当一组中的零件 j 需要另一组中的设备 i 时,就会发生单元间移动。如果设备 i 和零件 j 属于不同的组,则模数内的项取 1。通过式(3.8)和式(3.9)确保每台设备和零件仅连接到一组。这也是一个已证明的难题,不能在多项式内得到最优解。

3.3.3　单元形成途径

p-中值公式和线性单元公式假定分组的数目是已知的,然后为固定数目的分组提供解。成组技术的最早前提之一是设备单元自然存在,而研究者或管理者的任务是发现它们。可以看出,这两个模型在解决问题时都没有考虑分组的这一方面。

如果事先不知道分组的数目,则这些公式必须针对从 1 到 m 的组数进行求解(每台机器构成一个组时,最多可以有 m 个组)。假设一个组至少有两台机器,当 m 为偶数时,最大 $m/2$ 个组,当 m 为奇数时,最大 $(m+1)/2$ 个组。对于大型矩阵,即使求解一次也很困难。因此,研究人员采用启发式程序为这些问题提供良好或接近最优的解决方案。

为从关联矩阵中获取设备单元和零件族而开发的大多数启发式方法都可以看作是将矩阵分块对角化的过程。这些方法可以分为基于数组的方法、基于聚类的方法、基于数学规划的方法、基于图论的方法等。

3.4　基于相似度的聚类算法

McAuley 在 1972 年提出了一种基于相似度的算法,该算法使用了 Jaccard 的相似系数,由下式计算:

$$S_{ij} = \left(\sum_k a_{ij} \times a_{jk} \right) \Big/ \left(\sum_k d_k \right) \tag{3.11}$$

其中,

$$d_k = \begin{cases} 1, a_{ik} = a_{jk} \\ 0, \text{其他} \end{cases}$$

这个相似系数是一个介于 0 和 1 之间的数字,并且具有比上一节中相似性度量更宽的分散性。在当前分析实例中,设备对的相似性度量如表 3-3 所示,其中列出了系数为正值的所有设备对,所有其他设备对的相似系数为零。

表 3-3   设备相似度矩阵

	1	2	3	4	5
1	1.00	0.05	0.06	0.08	0.08
2	0.05	1.00	0.05	0.09	0.07
3	0.06	0.05	1.00	0.07	0.07
4	0.08	0.09	0.07	1.00	0.08
5	0.08	0.07	0.07	0.08	1.00

其中 25 个零件的分组过程树状图如图 3-27 所示。还可以通过分配每个零件到它们访问的设备数量最大的组来得到。这样也可以得到与图 3-26 相同的解决方案。

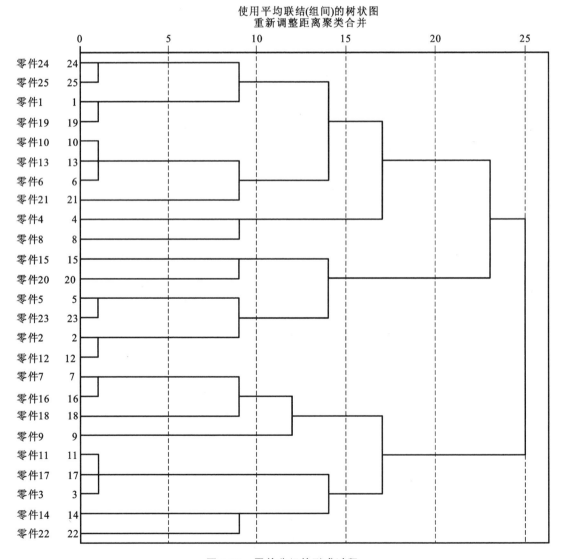

图 3-27   零件分组的形成过程

具体步骤如下：

①计算所有设备对的相似系数。

②通过对高度相似的设备进行分组，形成设备单元。当未分配的设备与组中的至少一台设备具有很高的相似性系数时，向现有组添加设备。

③通过将零件分配给它们访问最大设备数量的单元来形成零件族。

3.5　单元形成的方法

本节将介绍单元形成所需的数据和技术。单元设计过程需要六个阶段：数据收集、数据一致性检查、数据筛选和修改、单元建议、方案分析和调研验证，如图 3-28 所示。

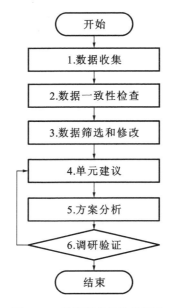

图 3-28　单元形成的阶段顺序

这些阶段将在后文详细介绍。车间设计阶段通常按照上面提到的顺序依次进行。然而，从一开始就很难制定每个阶段的目标或限制，生产系统设计师有时必须返回到某个阶段。由于设计过程从来不是线性的，它将改变设计者对系统的看法，引导设计师更明确地掌握生产系统。通过定性和定量信息的收集，设计师能够澄清或重新定义单元形成的目标和约束。

3.5.1　数据收集

对单元的探索从收集数据开始。单元设计师必须对项目、加工中心和工艺路线的数据描述完全了解。有时需要一些具体的数据，如成本价、零件的重量或尺寸。在大多数情况下，这些数据可以从用于生产控制的数据库中提取到，但如果这些数据不存在，那就必须自己动手去收集，这将是一个沉重和烦琐的任务，但对于一个详尽的研究而言却是必需的。

3.5.2　数据一致性检查

在分析项目、加工中心或工艺路线之前,始终需要验证文件的一致性,因为其中有些数据可能是错误的或不完整的。以下列出了在加工中心和工艺路线文件中一些经常不一致的数据项,这些数据在被选择前必须经过验证。

(1)项目文档

①工艺路线文件中没有操作的内容;

②年度数量或批量或订单数量或年负荷等于零;

③转运批量大于生产批量;

④生产批量大于年度数量。

(2)加工中心文档

①未在工艺路线中使用的加工中心;

②项目文件中未声明的项目;

③未在加工中心文件中说明的加工中心;

④设置时间、运行时间或装载数量等于零。

设计人员要对这些可能不一致的数据进行验证、修改或消除。

3.5.3　数据筛选和修改

在 PFA 过程中,不必研究所有项目、加工中心或工艺路线。数据筛选是从研究中排除了不必要的项目和加工中心。

(1)应该排除在研究之外的项目

①年度生产负荷轻的产品;

②生产负荷轻的加工中心;

③工艺路线中的外包操作;

④外包物品;

⑤废弃物品。

同样,一些加工中心也可能被排除在研究之外。

(2)传统方法会发生的情况

①一些基础的机器移动成本很高,使得任何移动都极其困难,如大型压力机、锻造、喷漆或表面处理/表面处理线的情况,这些机器很少集成在单元中。

②其他噪声大的机器,或需要免受灰尘或过高温度影响的机器。这些机器适用于高精度的调整设备、尺寸控制设备,通常布置在单独的场所,不能集成在单元内。

③工艺路线中明确的控制操作可以很容易地集成到未来的单元中。

④公司在不久的将来生产的产品将替换现有产品。在这种情况下,必须将新的加工中心存储在加工中心文件中,利用旧加工中心的工艺路线操作进行修改。

⑤最后,有些设备会系统地被每个产品用到,尤其是机械加工过程中的某些洗涤设备。如果把这样的设备也考虑进来,将会很难形成单元。从工艺路线中排除这一类设备才有可能得到与这些约束无关的解决方案。

一些其他的数据也必须创建,这主要涉及即将出现的物品或加工中心,要确保设计者的研究视野与之相适应。由于在大多数情况下,生产的数量是基于销售预测的,因此数据验证和筛选是非常重要的阶段。

3.5.4 单元建议

当数据通过一致性检验之后,就可以用于创建不同的矩阵,并可以采用自动聚类算法进行成组分析。

用于分析的数据可以是二进制数据,也可以是负荷或订单数量的加权数据。单元的数量和大小可以根据约定的单元间移动比率调整。尽管数据类型和分析目标之间存在着联系,但是建议根据多种优化标准来搜索大量解决方案(即使在个人计算机上,几分钟也可以处理数千个项目和数百个工作中心)。此外,寻求大量解决方案可以提高工作组的创造力。我们建议的计算方法如下:

(1)根据操作、负荷和流程标准对项目-加工中心或加工中心-加工中心矩阵进行分析。

(2)对于这三个条件中的每一个,都需要通过更改单元的大小并保持单元间移动率低于50%来寻找一组解决方案。此外,单元间的移动比单元内的移动更重要。实际上,不同解决方案的数量在 3 到 8 之间。因此,找到的解决方案总数在 9 到 24 之间变化(每个解决方案 3 个标准)。

3.5.5 方案分析

然后,按指标对每种解决方案进行汇总,对结果进行定性和定量分析。结果分析是单元设计的特定阶段,这种工作必须由精通各种技能的工作小组来进行。正是在这一刻,团队的创造力才得以体现。在这一过程中可能会提出新的问题,例如:新的生产数量会是多少? 由于某个设备会产生许多单元间移动,它可以采购多个吗? 这些问题通常需要进行新的分析,并可能引发单元的新命题。

3.5.6 调研验证

在搜索和分析解决方案之后,工作组可能并不会选择所有解决方案。方案被拒绝的原因可能各不相同。以下是其中的一部分原因:

①单元中包含过多的加工中心;

②某个单元的加工中心数量不足;

③单元间移动过多;

④单元大小比例不当,有些很大,有些很小;

⑤有些单元的生产负荷不足以证明需要为其分配设备。

在此阶段结束时,设计人员将根据标准从中选择数量有限的一些解决方案。

使用 SPSS 进行分类的过程

3.6 本章小结

本章的分析表明,使用聚类技术和生产控制数据库中的数据,可以快速完成对潜在单元的识别。但是,制造单元设计中涉及的大量参数通常会使消除单元间的移动变得更加困难,如何确保其中最重要的参数都能被考虑在内,将会给单元设计者带来很大的挑战。

4 单元制造中的布局设计

4.1 工厂布局的三种基本方式

在工厂中有三种安排机器的基本方式,分别为按流水线、功能和成组(单元)布局,这些布局如图 4-1 所示。

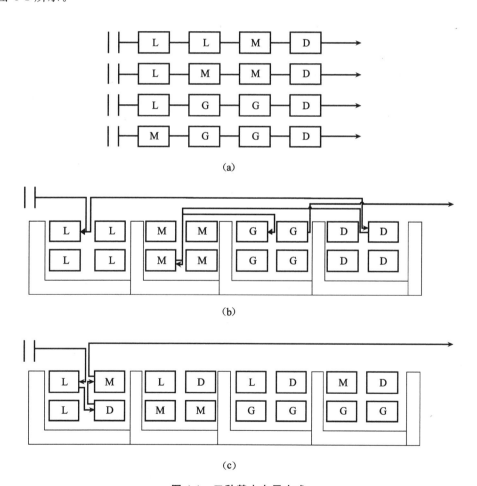

图 4-1 三种基本布局方式

(a)按流水线布局;(b)按功能布局;(c)按成组(单元)布局

（1）按照流水线或者生产布局

机器和其他工作中心按照它们加工制造产品的顺序来安排。这种安排适用于大批量、少品种的产品生产。

（2）按照功能或工艺布局

这种方法是将指定类型的机器成组地放在一起。这种布局会导致大量的原材料费用、大量的在制品库存、过长的设置时间和较长的制造交货期。

（3）按照成组或单元布局

机器成单元地布局，使得每一个单元都有能力进行生产操作，操作一部分或者更多的部分。因此，一个单元具有的能力由其使用加工的部分确定，这种布局的管理也更为简单。这也是采用这种布局的结果会更令人满意的原因之一。

4.2 设备布局设计

随着柔性制造系统、成组技术和精益生产等新的制造技术和理念的出现，需要新的模型和方法来支持它们的设计和运行，其中最重要的一个内容就是确定设备在工厂中的布局问题。设备和工作中心的位置和安排对于一个正在运行的企业而言具有重要意义。提高成组技术效益的一个关键因素就是有效的布局设计，因为一个不合理的布局会抵消一些或者所有的公司期望的收益。

正确处理工厂布局问题是很关键的，因为材料管理成本无处不在并且占生产总花费的30%到75%（通常是不增值的）。企业通过更好的设备安排，可以把任何在材料处理上产生的节约都直接贡献在操作整体效率的提升上。

制造公司的成长和新的设备与加工中心的引进是导致低效率和不安全的车间布局的主要原因。这一难题在每一个公司的发展过程中都呈现出不断增加的趋势。一开始，这些公司一般有1~2个加工中心，随着公司的发展，加工中心开始增加，但是没有考虑车间布局中的物料流动的影响。在很多情况下，一个新工作中心的布局通常是由车间中已经存在的加工中心来决定的。一个新的工厂布局的产生可能由以下原因引起：

① 工厂搬迁；

② 自动化；

③ 产品需求的增加或者减少；

④ 工艺设计的改变；

⑤ 一个或多个设备的替换；

⑥ 采用新的标准、技术或者策略；

⑦ 公司组织的改变。

研究表明，物料搬运费占产品生产成本的20%~50%，而物料搬运工作量与设施布局有关，因此，有效的布局可以减少生产成本10%~30%。也就是说，在满足生产工艺流程的前提下，减少物料搬运工作量是设施布置的重要目标之一[15]。

4.3 设备布局设计的数学模型

本节介绍的连续数学模型是采用连续平面的方法,把设备视为一个连续平面中已知尺寸的矩形块。其中每个块都会有三个变量,即左下角底坐标(x,y)、高度(h)和宽度(w),用来确定块的高度和宽度。如果纵横比小于1,表明这个设备会采用水平布置的形式。

如图 4-2 所示,矩形块是由宽度和高度尺寸围起来的,分别平行于 x 轴和 y 轴。不规则形状的设备可以分成两个或两个以上的块,然后通过限制这些块的位置使其与设备的形状保持一致。建立该模型的目的是在一个连续平面确定每个设备可以满足目标和约束条件的位置坐标与纵横比。

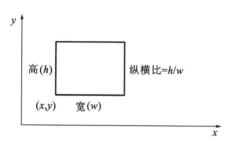

图 4-2 矩形块坐标与纵横比的定义

4.3.1 问题的约束和目标

单元布局的前提是已形成了合理的制造单元,下面介绍所提出模型的约束和目标函数的建立。首先提出几点假设:

(1)车间的边界

车间的面积足够大,可以容纳所有的单元(图 4-3)。

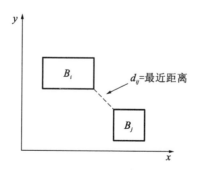

图 4-3 两个设备之间的最近距离

(2)不重叠的条件

两个矩形块应满足的约束条件是确保没有重叠(图 4-3)。

(3)相邻关系

在某些情况下,设备布局规划可能是在期望相邻或不相邻的位置。在这个模型中相邻或者不相邻的关系是以设备之间的物理距离来表示的,其可能是由于经营条件、工人的安全、多任务协同等约束条件引起的。两个设备(块)之间的距离由最近的两个点测量得到。

(4)位置约束

该模型假定车间为一个连续的空间,每个设备块可以被放置在车间边界内的任何地方。但是,在每一个车间内都会有一些空间,不得用于放置机械,例如走廊、办公室、卫生间、预留空间等,因此,此约束禁止任何一个块布置在这些位置(图4-4)。

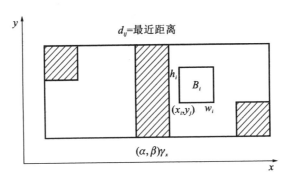

图 4-4　强调物流通道和不规则形状位置而采用的位置约束(阴影区)

(5)位置偏好

当一个或更多的设备是在一个特定的车间空间内,因为一些特定的原因,如设备的特殊工作环境,或者设备已经被安装好了,搬迁将在经济上不可行等,这些约束将迫使设备被布置在预定的区域。

(6)定位约束

在实际的布局问题中,决策者会显示出其对于设备位置的某些偏好。例如,某些设备可能需要布置为水平或垂直,目的是使得布局满足安全或多任务工人的需要,通常使用纵横比来满足这些要求。

(7)物流成本

在大多数工业车间,物流通道与建筑墙面平行。在这种情况下,距离指的是欧氏直线距离。物流距离的计算方法为任意两机之间的物料流动的总和(包括物流次数)乘上这两方块质心之间的直线距离(图4-5)。

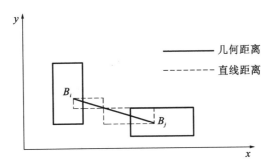

图 4-5　欧氏直线距离的定义和测量

4.3.2 解决方法

采用目标规划和模拟退火相结合的方法求解上述数学模型。这种混合方法主要是为了克服现有方法在数学模型变得庞大和复杂时的一些困难。

目标规划(Goal Programming)是处理多个目标的一种有益的方法,它被用来解决现实世界布局问题建模中各种实际的、经常相互冲突的目标。在目标规划中,决策者为各种标准提供关于目标期望水平的信息。在解决目标规划问题之前,决策者提供标准顺序数或排序的标准。目标规划方法是试图找到一个解决方案,该方案按照指定的优先级顺序,尽可能接近指定的目标集。目标/约束是根据优先权排序的,这样高阶目标的满足总是优先于低阶目标。在这个公式中,目标函数也表示为约束,其中一些期望值(目标)作为约束的右侧。然后将模型的所有约束区分为实际(绝对)或目标约束。实际约束或绝对约束表示绝对应该满足的约束,任何违反这些约束条件的约束都将导致解不可行。另外,目标约束没有那么严格,因为它们可以根据决策者的偏好进行排序。

在求解中采用模拟退火方法的目的是拓宽范围,从而找到更好的解,这种技术在解决组合问题中非常有用。"模拟退火"这个名字来源于统计力学(在有限温度下具有多个自由度的热平衡系统的行为)和组合优化之间的一个类比。它最初是由 Metropolis 等人为统计力学而开发的(1953),他们用蒙特卡罗随机数来模拟热平衡的实现。局部搜索方法,通常称为"贪婪算法",是从给定的初始解开始搜索,然后不断尝试提高解的质量。当这种提高不再可能时,这种方法就停止了。这种算法的主要缺点是解陷入局部最优,而算法没有办法退出这个局部最优。因此,最终解的质量在很大程度上取决于初始解的选择。另外,在模拟退火中,偶尔也会接受一个更差的解,希望该解存在一个局部最优解,以便在后期获得更好的解。

这种混合解决方法的一个主要特点是不需要用户提供初始可行的布局方案。该方法可以生成多个非主导解决方案,通过使用目标规划和模拟退火来构造布局方案并提高解的质量。

4.3.3 设备布局案例分析

在本案例中有 8 台设备被布置在 10 m×8 m 的生产单元中,设备的尺寸如表 4-1 所示,一年内所有部件在设备之间的搬运频率如表 4-2 所示。

表 4-1 设备布局问题

设备	尺寸/cm
1	200×200
2	100×100
3	150×150
4	100×100
5	150×200
6	150×250
7	100×100
8	100×150

表 4-2 一年内设备之间部件的总搬运频率（1000 次）

设备	1	2	3	4	5	6	7	8
1	0	6	1	1	8	2	4	4
2	6	0	1	2	3	3	6	2
3	1	1	0	5	2	3	1	10
4	1	2	5	0	2	8	3	3
5	8	3	2	2	0	4	10	10
6	2	3	3	8	4	0	8	8
7	4	6	1	3	10	8	0	2
8	4	2	10	3	10	8	2	0

（1）约束条件及目标：

①任何两设备之间至少间隔 1.5 m；

②设备 3 和 6 彼此分开至少 5 m；

③设备 4 和 8 至少相距 6 m；

④过道作为材料在车间内的运输通道，定义的单元坐标为(0,2)，在左下角，有 10 m 宽、1 m 长。这个区域限制布置设备。

（2）由于某些设备需要由一个操作员操作，因此这些设备应当在通道的同一侧彼此靠近，具体要求如下：

①设备 2 和 7 应相距 1.5 m；

②设备 3 和 4 应相距 1.5 m；

③设备 6 已经安装在坐标(3,0)的车间中，移动它会带来一些成本；

④设备 4 最好定位在坐标(5,3)，在左下角，有 3 m 宽、3 m 长；

⑤设备 2 和 5 的首选位置分别为水平和垂直；

⑥设备 6 和 8 应该有相同的方向；

⑦总的运输费用最少。

假设所有上述要求，除了运输成本外其余都是不变的（刚性）约束，并因此被设置为优先级 1。运输成本被分配到优先级 2。对这个问题求解了 10 次，所有的解决方案都是可行的，也就是说，它们都满足了被分配到优先级 1 的绝对约束。

图 4-6 给出了通过建议模型得到的最好的解决方案，在一年中的运输成本为 726.54 km。10 个解决方案所产生的平均运输成本为 774 km，每年的标准偏差为 18.7 km。每个方案的求解平均需要 18 s 的 CPU 处理时间。对于有位置偏好的设备 6 和 4 的布置问题，这些强制性的要求为绝对约束，并将它们分配到优先级 1。

现在有两个理想的目标，第一个目标是降低物流成本，第二个目标是使 4 号和 6 号设备尽可能靠近它们现在的位置。运输成本被分配到优先级 2，而（柔性）限制在设备 4 和 6 被分配到优先级 3。图 4-7 显示由该模型产生的总成本解决方案是每年 669.9 km。这代表每年可以从最佳的解决方案中减少 56.6 km(约 8%)。该解决方案有助于决策者决定是否搬迁。通过检查这个例子的其他标准，可以进行类似的分析。

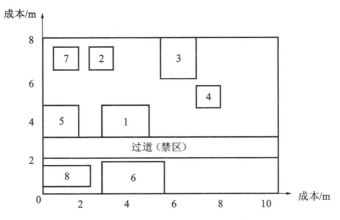

图 4-6 在 8 台设备中固定 6 台设备的解决方案

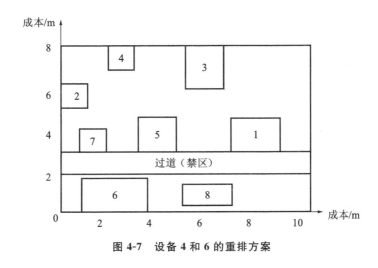

图 4-7 设备 4 和 6 的重排方案

4.4 单元内和单元间的布局设计

为了充分利用成组技术的优点,设计一个高效的设备布局(单元内)和车间布局(单元间)是绝对必要的。本节介绍一种新的方法来整合单元内和单元间布局设计,努力生成多个有效的替代方案和详细布局。再结合前一节介绍的方法,为在成组环境下解决单元内和单元间布局问题提供良好的方案。

4.4.1 单元内的布局模型

单元内布局设计与设备布局模型密切相关。在上一节中提出的设备布局算法可以用来解决单元内布局设计问题,二者之间的主要区别是单元内布局和设备布局问题依赖于单元/车间边界。在设备布局问题中车间层的大小(宽度和高度)通常被认为是预先给定的,需要解决的问题是确定设备的位置以便实现某些预定的目标。然而,在成组单元内的布局设计中,目的是不仅要确定单元内每一个设备的位置,还要确定单元的尺寸(这个是未知的)。它们的大小是决定布局设计的影响因素。在制造公司实施成组技术,可能唯一已知的边界是应该容纳所有单元的整体车间大小。

在这个模型中,我们的目标是为单元生成其他有效的布局。因此,单元的形状由模型确定,具体如式(4.1)所示:

$$\max x = \max\{(x_1 + w_1), (x_2 + w_2), \cdots, (x_n + w_n)\}$$
$$\max y = \max\{(y_1 + w_1), (y_2 + w_2), \cdots, (y_n + w_n)\} \qquad (4.1)$$
$$\text{Area of the cell} = \max x \times \max y$$
$$x_i, y_i \geqslant 0, i = 1, 2, \cdots, n$$

其中,$\max x$ 和 $\max y$ 是单元的宽度和高度,w_i 和 h_i 是块 i 的宽度和高度,n 是单元内的设备数量(图 4-8)。单元区域被引入公式中,在给定的约束条件下预期目标最小化。

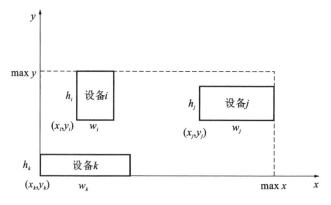

图 4-8　单元边界的定义

4.4.2　单元间布局设计解决方案

由于单元的形状和大小是预先不知道的,并且不同的区域和形状会导致不同的布局配置和成本,因此生成具有不同形状和大小的可选非支配布局是绝对必要和不可避免的。一个集合中的一个点被认为是有效的(非支配的),是因为没有任何其他点是可行的,在这个点上所有要求达到的标准都可以被满足。

在生产设备和单元布局中,考虑了三组不同的目标。第一组涉及解决方案的可行性。第二组目标是最小化单元的面积,最后是最小化单元内运输成本。然后,采用目标规划和模拟退火相结合的方法求解数学模型。

通过将单元面积最小化和单元内运输成本最小化分别分配优先级 2 和 3 来运行该程序,由此产生的解具有最小的面积和最高的单元内运输成本(图 4-9 中的 z_1 点)。在从一个面积最小、成本最大的极端解决方案过渡到另一个成本最小、面积最大的极端解决方案(图 4-9 中的 z_2 点)的过程中,会生成大量的解决方案,其中许多是有效的(非指定的)点,这些点由程序保存。对所有单元重复此阶段的模型,为每个单元生成多个有效的解决方案。

生成的非支配解的数量通常很大,需要通过一个过滤过程来处理这种信息过载,这是一个从较大的有限点集中选择与其他点最不相同的子集的过程。过滤过程按照以下步骤进行:

(1)在一组非支配解中选择一个随机有效点作为种子点,并将其添加到保留点列表的顶部。然后根据期望的距离关系用种子点对每个非支配点进行评估。不满足试验要求的每个点

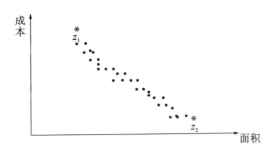

图 4-9　在两个极值点之间生成中间解

被认为与种子点差别不大,不在进一步考虑范围之内;而任何满足测试的点都会被添加到保留点列表中。

(2)继续进行此过程,确保根据过滤列表中保留的所有点对每个后续点进行评估,直到所有非指定点都得到评估。

这个过程被称为邻域外第一个点的方法,图 4-10 中显示了这个过程。其中,有七个有效点,下面我们把它们减少到三个最不同的点。从 x_1 作为种子点开始,点 x_2 和 x_3 被排除在进一步的考虑之外,因为它们与 x_1 的 L_2 范数距离小于 d。然而,点 x_4 是第一个与 x_1 显著不同的点,因此被过滤过程保留。应根据 x_1 和 x_4 评估后续各点。x_5 点被排除在外,因为它与 x_4 的距离微不足道。同样,x_6 点保留,x_7 点从列表中排除。因此,滤波处理将七个非支配点的初始大小减小到 x_1、x_4 和 x_6。可以选择 d 的值,以便选择的点的数量小于或大于这三个点。

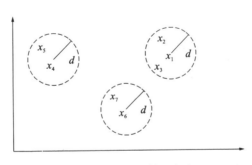

图 4-10　邻域外第一点法

4.4.3　单元内部布局实例

本节介绍一个五单元布局问题,并用该模型进行求解。为了使生成的布局符合实际,在其中增加了以下约束:

(1)为促进物料的顺利流动,任何单元内的任何两台设备之间应至少保持 1.5 m 的距离。

(2)单元 5 的设备之间需要满足某些约束关系,具体包括:

①设备 3 和设备 6 之间应至少相距 5 m;

②设备 4 和设备 8 应至少相隔 6 m;

③设备 2 和设备 7 应相距 1.5 m;

④设备 3 和设备 4 应相距 1.5 m;

⑤设备 2 和设备 5 最好分别水平和垂直放置;

⑥设备 6 和设备 8 应具有相同的方向。

表 4-3 给出了经过滤之后生成的每个单元内的有效布局结果。

表 4-3　可供选择的单元内布局结果

单元	方案	宽/m	高/m	面积/m²	物流成本/m
1	(a)	4.00	4.70	18.80	225.97
	(b)	3.55	6.62	23.50	208.42
	(c)	5.28	5.57	29.42	207.04
2	(a)	7.98	8.64	68.89	1956.01
	(b)	10.98	6.98	76.67	1854.50
	(c)	11.47	9.47	108.60	1710.63
	d	11.31	7.99	90.30	1806.90
3	(a)	3.98	4.50	17.90	8.50
	(b)	4.50	3.75	16.86	9.01
	(c)	4.50	4.10	18.45	8.40
4	(a)	7.13	8.00	57.07	470.84
	(b)	12.93	4.50	58.19	364.33
	(c)	8.97	8.50	76.23	328.09
	(d)	8.47	8.49	71.99	353.74
5	(a)	7.88	8.00	63.07	723.18
	(b)	7.67	8.00	61.55	729.09

如表 4-3 所示,根据单元的宽度和高度,每种不同形状对应不同的单元内部物流成本。因此,过滤过程对于减少这些方案的数量将非常有用。例如,对于单元 1,生成了 38 个以上的方案,过滤后这些方案减少到 3 个。

表 4-4 至表 4-8 显示了单元的面积和物流成本信息。图 4-11 至图 4-15 显示了每个单元的备选布局设计方案。当然,我们也可以通过改变测试距离参数(d)的值来增加或减少每个单元的上述备选布局设计方案的数量。

表 4-4　单元 1 中三个备选方案的面积和物流成本

方案	面积/m²	物流成本/m
(a)	18.80	225.97
(b)	23.50	208.42
(c)	29.42	207.04

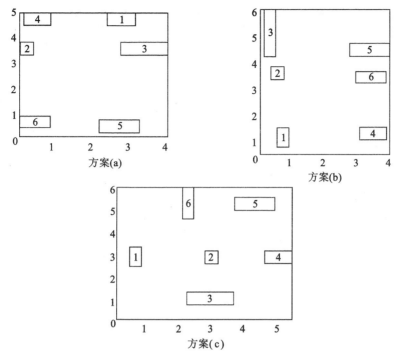

图 4-11 包含 6 台设备的单元 1 的可选布局设计方案

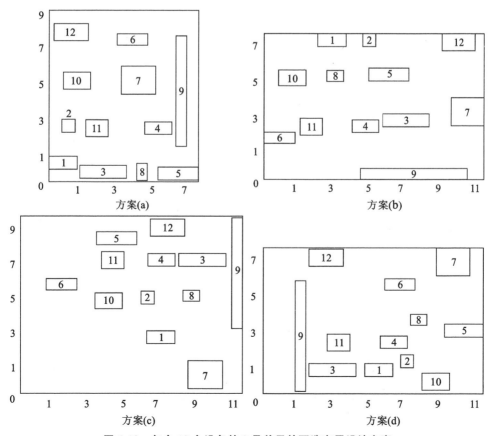

图 4-12 包含 12 台设备的 2 号单元的可选布局设计方案

表 4-5　单元 2 中四个备选方案的面积和物流成本

方案	面积/m²	物流成本/m
（a）	68.89	1956.01
（b）	76.67	1854.50
（c）	108.60	1710.63
（d）	90.30	1806.90

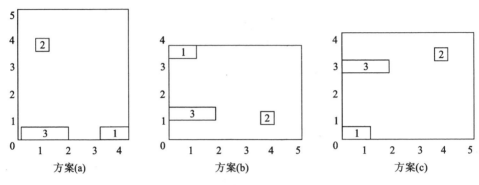

图 4-13　包含 3 台设备的 3 号单元的可选布局设计方案

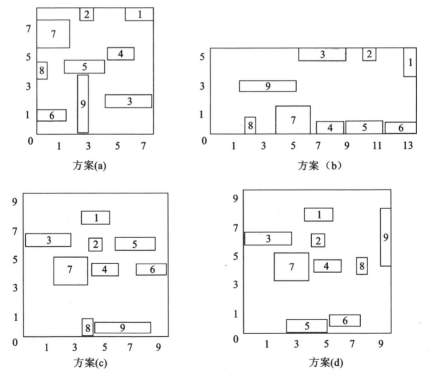

图 4-14　包含 9 台设备的单元 4 的可选布局设计方案

表 4-6 单元 3 的三个备选方案的面积和物流成本

方案	面积/m²	物流成本/m
（a）	17.90	8.50
（b）	16.86	9.01
（c）	18.45	8.40

表 4-7 单元 4 的四个可选布局设计方案的面积和物流成本

方案	面积/m²	物流成本/m
（a）	57.07	470.84
（b）	58.19	364.33
（c）	76.23	328.09
（d）	71.99	353.74

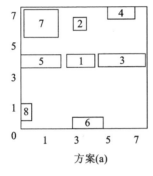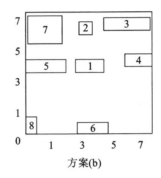

图 4-15 包含 8 台设备的单元 5 的可选布局设计方案

表 4-8 单元 5 可选布局设计方案的面积和物流成本

方案	面积/m²	物流成本/m
（a）	63.07	723.18
（b）	61.55	729.09

4.4.4 单元间布局模型及其与单元内布局模型的集成

单元间布局设计涉及各单元在车间内的相对位置。该模型采用的变量和约束与单元内布局模型相似。为得到有效的单元间布局设计方案，需要对所有可能的单元内布局方案进行有效整合，并对由此产生的非优势解进行过滤。

接下来，用一个涉及五个单元的例子来证明这种启发性的过程。目标是根据两个标准，即容纳所有单元所需的总面积和与此区域相关的相应物流成本，来获得有效的小区间布局设计。在这种方法中，总成本由单元内部成本（取决于所采用的单元设计方案）和单元间物流成本（与单元之间物流相关的成本）组成。

考虑到每个单元有不同的单元内布局设计数量，该模型需要评估 288 个（3×4×3×4×2）可能的情况。表 4-9 和图 4-16 显示了过滤过程之后保留的六个方案的信息。

表 4-9　单元间布局设计的可供方案

方案	宽/m	高/m	面积/m²	物流成本/m
1	12.50	20.07	250.88	5496.99
2	17.32	14.82	256.68	5329.93
3	20.42	13.14	268.35	5269.56
4	20.47	13.37	273.55	5145.01
5	23.97	13.33	319.57	4868.71
6	27.92	12.93	360.98	4788.79

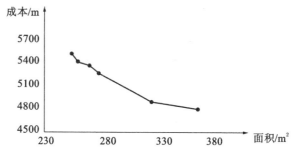

图 4-16　单元间布局设计的最终可选方案

图 4-17 至图 4-22 显示了六种有效布局。要生成最低成本的单元间布局设计,并不意味着必须包含所有成本最低的单元内部布局方案。对于一个系统来说,最有效的解决方案不一定是由该系统所有最有效组件的总和生成的。例如,在备选方案 6(最低的单元间物流成本)中,对于单元 1、2 和 4,分别使用了备选方案(a)、(d)和(b),这些单元中成本最低的选择方案是方案(c)。而如果包括所有成本最低的单元内方案产生的单元间解决方案将被方案 4、5 或6 支配。因此,最终成本最低的单元间方案不一定包括所有成本最低的单元内设计。同时,这个例子也说明了生成替代布局设计的必要性。

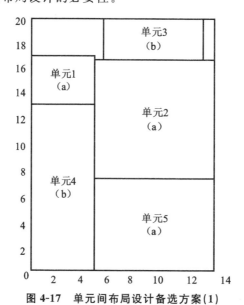

图 4-17　单元间布局设计备选方案(1)

(面积=250.88 m²,单元内和单元间总物流成本=5496.99 m)

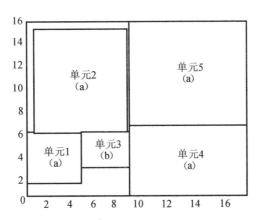

图 4-18 单元间布局设计备选方案(2)

(面积=256.68 m², 单元内和单元间的总物流成本=5329.93 m)

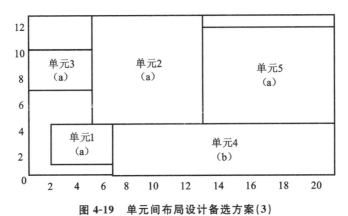

图 4-19 单元间布局设计备选方案(3)

(面积=268.35 m², 单元内和单元间的总物流成本=5269.56 m)

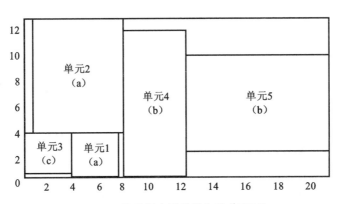

图 4-20 单元间布局设计备选方案(4)

(面积 = 273.55 m², 单元内和单元间总物流成本 = 5145.01 m)

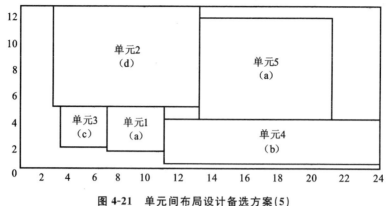

图 4-21 单元间布局设计备选方案(5)

(面积＝319.57 m²,单元内和单元间的总物流成本＝4868.71 m)

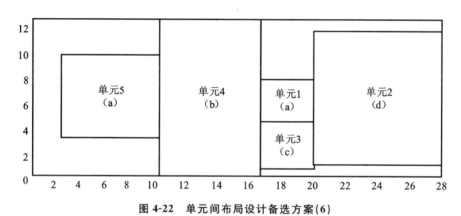

图 4-22 单元间布局设计备选方案(6)

(面积＝360.98 m²,单元内和单元间的总物流成本＝ 4788.79 m)

4.5 应用案例分析

4.5.1 案例介绍

一家生产家用电器的中型"白色家电"制造公司计划实施单元制造。公司管理层和车间员工长期以来都认为有必要改变和改进印刷车间的制造系统。其中有待解决的问题包括交货期过长,导致交货延迟或经常积压、在制品量大、生产计划混乱,以及物料流动不断增加。

公司的冲压车间目前采用基于工艺的布局,将类似的压力机组合在一起。经过讨论,单元制造被认为是能够帮助公司克服上述困难的合适策略,这一战略得到了管理层的认可,因为这一变化不需要新的资本投资,而且其中还包括了设备和设备的重新布置成本,以及可能的员工重组和培训费用。

冲压车间生产的零件总数是 153 件。表 4-10 列出了用于生产这些零件的机械和设备清单、可用的压力机类型、数量以及加工工件。图 4-23 给出了车间平面图,该平面图专门用于布置具有相应尺寸的单元和部门。

表 4-10　部门和设备的索引

部门/设备	可用数量	参考
仓库	1	STOR
切割机	1	GULT
脱脂	1	DGRS
110 t 给料机	1	ORRI
衬里机	1	LNSH
150 t 给料机	1	AIDA
制动压力机	1	BRAK
30 t 冲压	5	203A
200 t 冲压	5	200C
200 t 液压冲压	2	200H
250 t 压力机	2	250C
300 t 压力机	2	300C
80 t 冲压	3	207A
200 t 加宽	2	200W
110 t 冲压	1	PSCA
150 t 冲压	2	150C

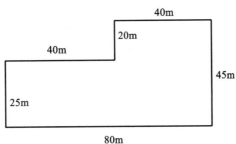

图 4-23　容纳设备和单元的车间平面图

　　由于某些压力机非常重,而且安装在特殊的基础上,因此该公司对其搬迁施加了若干限制。因此,这些设备的任何重新安置都会产生巨大的成本和不便。此外,一些部门希望保留现有位置,例如原材料仓库,因为容易进行卸货操作。这些固定部门和设备包括:仓库(STOR)、切割机(GULT)、衬里机(LNSH)、150 t 给料机(AIDA)、110 t 给料机(ORRI)、300 t 压力机(300C)、250 t 压力机(250C)和制动压力机(BRAK)。

　　对零件工艺路线、年需求、物流数量、设备尺寸、通道和间隔空间等相关信息进行收集。表4-11 给出了设备的分组和每个单元内的零件数。

表 4-11 将零件和设备分配到五个单元中

单元	单元内零件数	单元内设备的分组
1	80	203A(5),207A(3)
2	18	200C(2),PSCA,150C(2)
3	20	150C(1),200W(1),200H(1),200C(3)
4	17	BRAK,200W(1),250C(1),300C(1),200H(2)
5	18	300C(1),200W(1),250C(1)

为了对所提议布局方案的有效性进行测试,该公司基于传统的内部专业知识独立开发了一个五单元布局,如图 4-24 所示。图 4-25 是通过所提出的混合模型产生的备选方案之一,可以看出该算法所产生的解决方案不仅解决了公司提出的所有约束条件,而且降低了 30% 的物流成本。在这些布局图中,RSVD 表示分配给办公室、洗手间、公用设施、模具架等的预留区域。

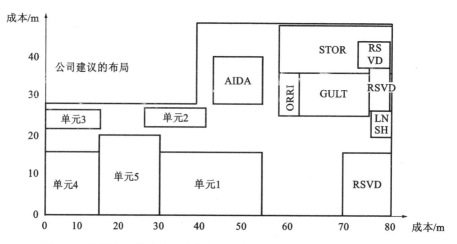

图 4-24 根据公司的建议设计的布局方案,每年的总物流成本为 486.7 m

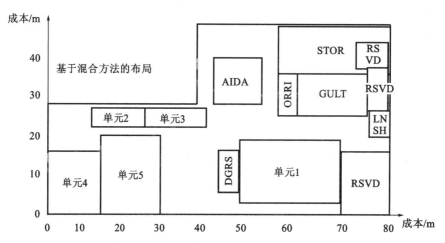

图 4-25 基于混合方法的布局设计方案,每年的总物流成本为 340.3 m

需要补充说明的是,公司给出的单元内部和单元间布局设计方案是由一名员工根据其在公司的几年工作经验,在数周内完成的,而混合模型所获得的结果是在不到 15 min 内生成的。当然,这绝不意味着该算法可以完全取代人类的专业知识,但它确实可以被视为一种智能工具,能够帮助设计师生成更好、更有效的布局。该算法不仅能使设计者同时找到可行且经济的解决方案,而且还能对假设进行分析。

4.5.2　工程应用

该方法的工业应用涉及另一家中型制造厂。在收集信息时,公司已经实施了单元制造,并且进行了单元布局设计实践。然而,该公司希望对其布局设计的性能,以及该方法可能产生的其他替代方案进行评估。

由于技术条件的约束,例如特殊和专用的物料处理系统,车间被划分为 5×5 个大小相等的区域,每个区域的尺寸为 5 m×4 m(图 4-26)。整个制造系统被划分为 11 个单元(C1 到 C11)、一个仓库(S)和一个发货区(F),每个单元占据一个区域。未分配区域被作为工具存储、行政办公桌、检查台等的候选区域。

对有关单元、仓储和发货区域之间的物流信息进行收集。将区域间的物流移动视为"棋盘"(直线),区域之间的距离是从中心到中心测量得到,物料以 14 m/min 的平均速度进行输送。

按照公司的要求施加以下约束:

①分配给单元 11 的部件/设备不应更改;

②仓库必须位于第 3 区;

③单元格 11 应保留在第 22 区;

④发货区(F)应位于第 24 区。

另外,该公司还要求放宽对单元 11 位置固定的限制并确定可能的收益。图 4-27 和图 4-28分别给出了该公司目前正在实施中的单元间布局设计方案和建议方案。

1	2	3	4	5
6	7	8	9	10
11	12	13	14	15
16	17	18	19	20
21	22	23	24	25

图 4-26　包含 25 个单元的车间平面图

C9	C8	S	C6	C4
C2	C7	C3		C10
		C5	C1	
	C11		F	

图 4-27　该公司目前正在实施中的单元间布局设计方案

C1	S	
C10	C5	
C9	C7	C8
C4	C3	C6
C11	C2	F

图 4-28 通过建议方法得到的设计方案

表 4-12 给出了以上两种配置基于三种不同测量方法的性能比较结果,即以千米为单位的行驶距离和以小时为单位的行驶时间。

表 4-12 公司给出的解决方案与拟议方案的成本比较

方案	行驶距离/km	行驶时间/h
公司解决方案	263.4	313.6
拟议方案	203.5	242.3

如表 4-12 所示,通过混合模型得到的布局设计成本比公司现有设计方案低 23%。尽管公司认为所提议方法的成本节约不显著,但是他们对节省的时间非常感兴趣,因为这方面的任何节省都意味着缩短了交付周期,从而提高了生产率。图 4-29 和表 4-13 是通过放宽对单元 11 固定位置的限制而提供的另一种解决方案。与公司提出的解决方案和建议方法的方案相比,对单元 11 的搬迁将会使物流成本分别提高 27% 和 6%。

C1	S	C5
C11	C7	C3
C4	C9	C8
C2	C10	C6
		F

图 4-29 其中的 S 和 F 固定、C11 重新定位的推荐解决方案

表 4-13 其中的 S 和 F 固定、C11 重新定位方案的成本

行驶距离/km	行驶时间/h
191.5	228.0

4.6 本章小结

成组技术是一种制造哲学,其理念是在重复性的生产活动中利用相似性。它是一种具有广泛适用性的哲学,可能会影响制造组织的所有领域。单元制造(CM)是成组技术(GT)的一个应用,它利用分而治之的概念,将设备、过程和人员分组到负责制造或组装类似零件或产品的单元中,传统制造业和 CM 的一个主要区别就在于设备在车间的布置方式不同。

5　缩短设置时间以提高制造单元性能

在完成了制造单元的设计、组织和运行之后，还需要对制造单元进行进一步改进。缩短设置时间将有助于制造单元的持续改进，尤其是在增加产能、减少批量和运营资本投资方面。改进的目标是减少单元设置时间，然后设法减少批量，直到实现按订单生产。

5.1　缩短设置时间的重要性

单元设置时间的定义为操作员更换一部分装置以使单元内的设备能够生产另一种工件时设备停止的时间。这其中包括移除和更换固定装置、工具、量具、文档、齿轮、套筒、程序以及在设备上更换工件时所需的所有调整，它还包括任何质量检查和首件验证。如果按照本章中概述的步骤进行操作，所需的设置时间可以大大减少。

采用单元制造的目的是为了响应需求、缩短交付周期和减少批量。如果已经成功地安装了单元，还可以通过进一步的改进从而取得更大的成就。其中，灵活性是关键，如果单元能够适应不断变化的部件组合，按照小批量生产而不是持有多余的库存，不仅可以增强机器的生产能力，还能大大减少机器在设置期间的闲置时间，以及由于报废、返工、错误和延迟而可能导致的紧急中断，有利于单元变得灵活起来。

形成制造单元的目的是为了提高企业对客户需求的反应速度。在实施了单元制造之后，对流程、质量问题和其他问题的检查时间会和设置时间一起显现出来。只有通过更快的速度，才有可能实现紧急订单生产，从而抓住最佳机会。

由于机器在安装过程中停机而损失的产能将无法恢复，因此必须设法减少设置时间，以确保产能不会损失。大多数公司都会因为换型所需的安装设置过程而出现 20％ 的停机时间。在极端情况下，这种产能损失可能高达 60％。

5.2　确定是否需要缩短设置时间

通过对机器的安装设置时间与运行时间的测量和比较，大多数制造企业发现，单元中有的机器闲置的时间超过 20％，甚至有的机器设置时间超过 60％。这种情况下，就需要开始监控单元中每台机器的生产时间，以及机器因设置、维护、缺少材料或无生产要求而被迫停机的时间，计算所有这些原因导致的停机时间百分比。然后，对其中由于设置而导致的停机时间百分比进行监督和管理。作为基准，任何大于 5％ 的安装设置时间都应当减少以便降低成本和缩短交付周期。实际上，在日趋激烈的市场竞争下，一些企业正在将单元中的设置时间减少到运行时间的 1％ 以下。

除了上述的时间比较之外，还可以通过与单元操作人员的交流来确定是否需要在单元中减少设置时间。关于工具或其他变更部件可用性的投诉,单元员工在设置期间不断搜索所需的物品,以及在设置期间从其他单元借用,这些迹象通常表明设置时间需要缩短。此外,与单元内员工一起讨论缩短安装设置时间的重要性也非常有必要,他们将提供有关这一关键问题的宝贵见解。

5.3　紧急订单生产

制造企业经常会面临的一个主要问题是紧急订单。一旦接到紧急订单,就会把车间里所有工作打乱。但是,紧急订单的好处是,如果能够满足交货要求,而且产品立即发货,就能够加快企业应收账款的处理过程。设想一下,如果生产过程被设置得足够快,每一个订单都能像紧急订单一样快速地通过制造单元;如果能使产品以小批量的方式迅速流动,这样就不会有更多的紧急订单;如果在减少设置时间的同时减少批量,就可以进行紧急订单的生产。因此,紧急订单可以促使企业快速地响应客户需求。

把紧急订单了解清楚是极为重要的,其中包括:紧急订单的典型数量、交货时间和原因等。有了这些信息,就可以制订单元的战略计划,以减少设置时间并实现紧急订单的生产。如果不能获得减少库存、持续流动和缩短周期这些真正的好处,那说明单元的投资是不值得的。因此,需要从有助于制订单元内部战略计划开始。通过回答以下问题可以为战略计划的制订提供依据。

· 问题1　在单元中是否存在由于设置而导致的报废和/或返工?

虽然仅凭这一点可能还不会导致紧急订单,但它却会使你无法快速和经济地做出反应。实施统计方法和减少偏差是消除废品的关键。此外,还应进行生产能力研究,以确定单元中每台机器的潜在问题。这些问题可能包括单元的预防性维护不当、测量误差、单元操作人员素质教育不足、原材料变化等。

· 问题2　为什么会有紧急订单?

主要可能是交货期太长。而且,当你还在因为不能解决缩短交货期的问题而责怪客户没有提前计划的时候,你的客户已经去寻找另一个交货期更短的供应商了。

· 问题3　为什么管理层会启动紧急订单计划?

不要简单地认为是客户打电话给某位高级经理或者经理只是想采取简单的方式推出紧急订单,而是因为你的竞争对手可能会缩短交货期或正好手头有现成的产品,如果你不能及时交货,公司可能会失去这个订单。

· 问题4　采取了哪些特殊措施来获得紧急订单?

通常情况下,紧急订单中涉及额外的交流和跟踪。监管部门就紧急订单进行沟通,并需要在整个流程中保持密切跟踪。在单元内部也需要经常更新,并及时向销售人员和客户提供进度报告。

· 问题5　紧急订单从开始到完成的平均时间是多少?

单元的周期是从原材料可用时开始,到所有的质量检查工作完成,产品离开单元时结束。

· 问题6　我们会因为交货期而损失多少订单?

销售部、市场部和客户服务部应该能够提供这些数据。如果目前还没有关于这方面的记录,就需要给他们时间来跟踪这些信息,因为这些信息将给紧急订单的生产提供极大的帮助。

• 问题7　一个紧急订单的成本要多少？

其中会涉及许多无形资产，如其他未生产的产品。一个例子是，为了完成紧急订单而中断当前运行的成本。因此，需要让财务或会计部门参与进来，以帮助计算实际成本。无形成本可以确定，但如果无法证实，则不能给出绝对成本。

在回答了上述这些问题之后，就会认识到改进单元的重要性，并且开始着手设置具体的改进目标。

5.4　与缩短安装设置时间相关的问题

需要注意的是，在减少单元的设置时间之前，需要解决一些问题。这些问题应当从管理开始，因为管理和监督方面的承诺非常重要。很多时候，虽然已经开始努力缩短安装设置时间，但是却由于公司缺乏长期承诺而最终停止。

支持缩短设置时间所需的关键文化变革是，管理和监督层认识到减少设置时间的必要性，鼓励单元员工每天减少设置时间，并把这种减少作为日常文化的一部分（致力于此，不断讨论，每天分享成功），让所有轮班、主管和支持管理人员（计划、调度、采购、工程、工具、仓库、维护等）与单元的员工一起参与，将会获得巨大的成功。

应遵循质量优先的原则。毫无疑问，提高单元内的产品质量是最重要的。尽管缩短设置时间很重要，但必须消除单元中由于设置而产生的任何废品或返工。忽视废品和返工确实可以生产得更快，但是这样也更容易产生废品或返工，并不会得到期望的结果。

缩短设置时间应当作为第二个任务。除了质量，没有什么比缩短设置时间更重要的了。从质量改进开始，然后立即开始减少安装设置时间。

5.5　减少单元设置时间的具体内容

在单元中实施缩短设置时间的要求是将注意力集中在机器上，而不是生产的部件上。你的目标是使每台机器能够被快速设置，以便机器可以快速准备好生产下一个订单所需的任何零件，因此，第一步是组织单元以进行快速设置。

一旦单元就位，第一步就是组织单元以加快设置。通过这个组织工作通常会使设置时间减少30%。实施组织需要其他支持部门的参与，如工具架、维护、仓库、安全和采购等。在开始组织单元之前，请确保获得支持。一旦支持可用，大多数单元组织都可以并发完成。遵循以下原则将使组织过程简单明了。

（1）手动工具

在开始设置之前，确保设置所需的所有必要手动工具始终处于可用状态。将手动工具悬挂在机架上并利用机架上的阴影标记清楚地识别丢失的工具。这是一种简单有效的方法，可以在开始安装之前知道手动工具是否可用。

（2）紧固件

每个安装都需要紧固件。必须在安装设置过程中确保每台机器上都有足够的紧固件。由于紧固件会丢失、损坏或剥落，一个很好的经验法则是每台机器都需要5套紧固件。当它们损坏、丢失或剥落时，能够通过一个更换系统快速找到缺少的紧固件或相关的手动工具。太多的时候,人们会因为紧固件的丢失而大伤脑筋,因为尽管紧固件的价格非常便宜,但由于找不到用来更换的紧固件而大大增加的设置时间成本要远远高于购买紧固件的花费。

（3）易损工具

在大多数情况下,必须在安装期间更换易损工具。必须为每台机器提供足够的易损工具。此外,还应该制订一个补货计划,以确保这些易损的物品在安装期间总是可用。为此,需要在单元中建立一个看板补充系统。通过对一个班次中使用的易损部件的数量统计,可以确定一个理想的看板数量。然后按照 1.5 倍的数量存储。例如,如果供应商的交货期为 3 天,并且单元有 2 个班次,建议看板的数量为 9。这将使单元的库存保持在最低水平,同时消除由于意外延迟补货而缺货的可能性。

（4）设置部件的位置和组织

将所有设置部件移动到机器上是缩短设置时间的重要步骤。如果设置部件可以永久性地放置在靠近机器的单元中,则此任务将变得简单。如果单元的配置或大小不允许在单元中放置设置部件,则应在安装开始之前将设置部件带到单元中,方法是将在上一个作业运行时所需的套件组合在一起,或者将所有设置部件放入手推车中,在开始之前把这些部件带到单元中设置。所有需要清洁的零件都应该有两套,并在设置新作业和运行后进行清洗。

（5）更换零件、工具和夹具的维护

确保用于安装设置的项目都不需要在安装期间进行任何维护。应当建立一个程序,确保需要维护工作的物品被送到适当的区域,并在安装设置过程开始前完成维护。安装零件不得因维护而丢失或因缺乏维护而无法正常工作,因此,基于平均故障间隔时间的维护调度系统对于缩短安装设置时间非常重要。

（6）润滑剂、化学品和溶剂

在单元内,设置所需的所有润滑剂、化学品和溶剂应确保在需要时可以提供。单元内应备有材料安全数据表（Material Safety Data Sheets,MSDS）,所有这些物品应储存在适当的容器中并带有正确的标签。

（7）护罩拆除

许多机器需要拆下护罩才能完成设置,然后必须在运行前移除防护装置。在移除防护罩时,通常需要拆除紧固件,这不仅很耗时而且还会损坏和丢失。在所有防护装置上安装"四分之一圈"螺栓或其他可以快速断开连接的方法将大大简化这部分设置。图 5-1 显示了如何使用肘节夹和定位销简化防护装置的拆除。

（8）报废和返工

在任何情况下都不应接受由于安装设置而导致的报废或返工。控制安装设置过程,确保报废和返工的原因得到识别并消除。在安装设置过程中,应以规范的标称值为目标。这将允许流程在统计控制范围内运行,并在运行过程中尽早减少或消除调整。

（9）设置程序标准化

许多公司在设置过程中没有标准化的程序。标准化的关键是对设置进行组织和排序,以使其高效且易于实现。在许多设置中,步骤都是随机和无序的,没有在设置时考虑从机器一端开始并按顺序工作到另一端的逻辑。通过设置文件可以提供操作员与操作员、班与班或组与组之间的一致性。其中,将当前的设置文档化是初始步骤;在设置过程更改后,文档也应随之

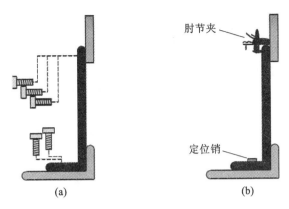

图 5-1　使用肘节夹和定位销或四分之一圈的紧固件以简化防护装置的拆除

(a)使用前；(b)使用后

而更新。表 5-1 提供了一个设置文档的示例。对当前设置的记录可能会由于困难、缺少信息和浪费时间而需要进行重大改进。

表 5-1　安装过程文档实例

机床安装需要的工具和部件	
需要的手动工具	3/4 英寸插座 1 英寸插座 3/8 英寸六角扳手
需要更换的部件	CNC 纸带♯12-436B 加工刀具♯3456 加工刀具♯2434 加工刀具♯54654 液压卡箍♯334
需要的夹具	♯567-98767
需要的量规	气动量规♯345 千分表♯454
详细设置步骤和时间	
将夹具安装在机床工作台的 A-6 位置上	1 分钟
用液压卡箍夹紧夹具	2 分钟
加载 CNC 纸带	1 分钟
将工具♯3456 安装到转塔 A 的位置 1 并夹紧	1.5 分钟

(10)工具成套递送

在安装开始之前将所有工具放入工具套件箱中，然后用手推车把工具套件盒递送给单元，这将提供一个减少安装时间的重要机会。需要确保所有的套件都是完整的，并且任何工具、量具或夹具在递送之前都是完好的。套件应包括安装文档中所需的所有项目，并在上一个作业完成之前交付。这样在开始设置之前，操作员可以立即获得机床设置所需的工具。

(11)预置标准工装

标准化的工具能够尽可能多地消除应用单个工具的程序,80%的工装都应当被标准化。工具的标准化可以大大减少安装时间和所需的库存。通常,在机床上安装刀具时,需要花费大量的时间来设置刀具的长度或确定刀具在主轴中相对于零件的位置。如果将刀具长度标准化并在交付到单元之前对其进行预设将大大缩短机床设置时间。这项工作应该由公司的制造工程部门主导,而不局限于单元。

(12)位置标准化

在加工中心和车削中心,工具标准化后的下一步工作就是工装位置的标准化。如果在换刀库中使用了换刀器,则刀具的位置也应标准化,这样就能够省去安装工装和在计算机数控(Computer Numerical Control, CNC)机床上编辑程序所需的大量时间和精力。

(13)工艺路线标准化

与工装标准化非常相似,标准工艺路线应当至少适用于单元中生产产品的80%。这些标准工艺路线可以提供较少的机床设置,并简化机床设置所需的文档。标准工艺路线始终遵循相同的顺序,主要通过刀具更换器或刀具转台中的位置来简化机床设置。例如,操作10始终是粗车,操作20是端面加工,操作30是完成车削等。与工具标准化一样,工艺路线标准化将大大减少机床设置时间。

(14)无故障报告问题

许多公司为了控制开支和杜绝浪费行为,使得员工在出现问题时很难完全公开问题的情况。在许多情况下,机器碰撞、丢失的手动工具、损坏的紧固件都没有得到报告,因为员工更关心的是不被指责,而不是让问题得到解决。因此,如果单元尚未建立无故障报告,建议应立即执行,单元里的任何人都应该毫不犹豫地报告问题,并确保它每天都能正常运行。表5-2提供了组织单元以减少机床设置时间的检查表。

表5-2 组织单元以减少机床设置时间的检查表

检查项目	检查内容
手动工具	在开始机床设置之前,确保它们始终可用。根据背包上的阴影可以清楚地识别丢失的工具,这是一种简单而有效的方法,可以用来判断工具是否可用
紧固件	在安装过程中,确保可以在每台使用紧固件的机器上获得足够的紧固件
易损工具	在每台机器上准备足够的易损工具,并制订一个补充库存计划
成型模具、工具、刀架、夹具、模具、面板、印刷气缸、成型工具、离合器钳和其他更换零件	使用外部放置在一起的套件或包含所有更换零件的推车将所有更换零件移到机器外部。需要清洁的部件应彻底清洁
润滑剂、化学品和溶剂	与完成更换所需的所有其他物品一样,这些物品应在需要时提供,并存放在适当的储存容器中
防护装置拆除	通常需要拆除紧固件,这很耗时,而且会损坏和丢失。在所有防护罩上安装四分之一圈紧固件
报废和返工	安装期间不接受。安装过程控制,以确保报废和返工的原因得到识别并消除

检查项目	检查内容
标准化机床设置程序	大多数公司在机床设置过程中没有标准化的程序,而大多数安装专家都使用他们多年来开发的方法。其中,有些好习惯需要向其他人分享,有些坏习惯需要在每个人的方法中加以消除。使用机床设置文档方法将提供当前机床设置的文档,并且该文档可以随着团队对机床设置文档进行改进而更新
在套件中交付变更部件	将所有变更部件放入安装的外部套件中可以提供一个减少安装时间的重要机会。确保所有的套件都是完整的,并且任何工具、量具或夹具的预设都是完好的
预置标准工装	非标工装。通常情况下,至少80%的工具可以被标准化,这可能会消除当前机床设置中的一些步骤
位置标准化	是工装标准化之后的下一个步骤。如果使用换刀器,还要对刀库中刀具的位置进行标准化
工艺路线标准化	与工装标准化非常相似,80%或更多的产品可以使用标准工艺路线进行制造

实施这些更改将使当前机床设置时间至少减少30%,因此非常值得为之努力。

5.6　显著缩短单元安装时间的应用案例分析

5.6.1　应用案例一

在图 5-2 中,有一个新的单元布局的示例。在这个例子中,公司生产铝和不锈钢的盖子。在单元实施之前,一个盖子的订单交付周期为 28 d;实施单元之后,订单交付的周期为 7 h。其中,首先需要解决的问题是减少批量。

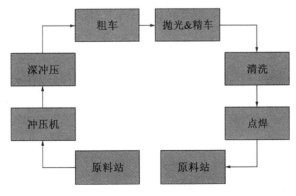

图 5-2　单元布局

(1)完全和部分机床设置

在减少安装时间时可能会遇到阻力,有些员工可能会说某些机床设置只需要几分钟而已。

这很可能是因为他们混淆了完全机床设置和部分机床设置。如果在机床设置过程中必须更换80%以上的零件,就属于完全机床设置,其中包括夹具、工具、量具和其他零件的更换。部分机床设置通常需要更换20%或更少的部件。通过对表5-3中专门文档进行分析,可以明显看出缩短机床设置时间的重要性。

表 5-3 单元中的操作列表(包括机床设置和运行时间)

操作/机器	平均部分机床设置时间/min	平均完全机床设置时间/min	说明	单件平均增值时间/min
原材料存放操作 10	N/A	20		0.1
冲压操作 20	12	40	压产品标识	0.15
冲压操作 30	12	40	压客户标识	0.15
拉伸操作 40	N/A	70		0.75
车削操作 50	10	35		1.5
精加工操作 60	N/A	1		3.5
清洗操作 70	0	0		0.75
干燥操作 80	0	0		7
点焊操作 90	10	25		1.5
包装	N/A	20		1

(2)确定从何处开始减少单元中的机床设置时间

使用表5-3中的信息为单元成员提供单元设备的顺序列表,其中包括完全机床设置和部分机床设置的时间,以及每台设备的平均增值时间。此信息有助于深入了解从何处开始减少安装时间。拉伸操作的平均完全机床设置时间是其中最长的,但冲压操作有两个转换(表5-3中的操作10和20)。如果冲压操作可以通过重新制造的模具组合在一起,则应首先考虑这一点。如果无法合并,团队应首先减少冲压操作的完全机床设置时间。一旦完成,下一个内容应该是减少完成作业的增值时间。

(3)缩短机床设置时间的步骤

能够识别在机床设置时间上所做的改进将鼓励单元中的每个人都致力于缩短机床设置时间。如表5-4所示,是一个可以在单元中展示的图形,可以对旧的机床设置方法和改进的机床设置方法进行对比。

表 5-4 通过安装挂图可以展示之前的机床设置和改进后的机床设置之间的区别

改进前		改进后	
操作内容	时间(min:sec)	操作内容	时间(min:sec)
在计算机终端登录安装程序	1:23	所有工具和更换零件在送到机器上之前安装到推车上	
获取并打印工艺路线表	3:06	在机器的CRT上登录并设置机床	0:23

改进前		改进后	
操作内容	时间 (min:sec)	操作内容	时间 (min:sec)
列出所需工具清单,并从工具架上取下	5:24	使用气动扳手从换刀器中拆下旧工具	3:10
从换刀器中取出旧刀具	6:45	拆下旧的夹紧装置并放在手推车上	2:40
取出旧的夹紧装置并将其放回存放架上	4:15	从手推车上取下夹具并安装到机器上	3:15
从存放架上取出新的夹紧装置,然后安放到机器上	5:23	安装新的刀具	3:16
在机器上安装新夹具	6:54	调整冷却液管路	0:24
拆下旧冷却液管路	2:15	在机器上放置工件并运行	2:18
总计:35:25		总计:15:26	

其中,不仅提供了新的机床设置文档,还给出了改进效果。通过表 5-4 还可以与其他部门的人交流,让他们可以很容易地看到其中的操作是什么,哪些操作需要更多的机床设置时间。

5.6.2 应用案例二

金属冲压快速换模(Quick Die Change,QDC)指通过标准化活动和工作顺序来最小化内部设置期间操作员的活动。QDC 通常与机器和模具附件相关,用以帮助减少模具设置时间,如清理模具区域、模具转换、夹紧、设置等。[16]

图 5-3 所示为某冲压公司原先的模具设计,后该公司实施快速换模系统(Quick Die Change System,QDCS)系统,将传统模具分解为两个主要组件,即外壳单元(QDCH)和模具单元(QDCD),如图 5-4 所示。

图 5-3 原先的模具设计

(1)改进效果

传统模具安装步骤和时间包括:①从仓库中取出模具。由于传统模具结构大而且重,需要吊装设备。储存位置在离机器约 10 m 的隔壁房间。这项活动大约需要 1.5 min。②将模具

图 5-4　QDCS 模具设计

手动放置在工作台上方,使其精确地位于机器的中心,约需 26 s。③设置机器行程高度约 9 s。④在开始生产零件之前,传统模具的夹紧大约需要 3.2 min。⑤生产后,模具松开约 2.5 min。⑥放回存储区约 2 min。对于传统模具,所有这些设置过程大约需要 10 min。

(2)QCDS 的模具安装步骤和时间

①QDCD 的存放位置在同一房间内,距离机器约 1 m。QDCD 很轻,只需 13 s 就可以随身携带。②由于 QDCD 已经提供了导轨和定心止动器,因此 QDCD 无须进行多次调整即可定位在 QDCH 内部。此活动在 5 s 内完成。③设置机器行程高度约 4 s。④在开始生产零件之前,模具的夹紧大约需要 1.3 min。⑤生产后,模具松开约 1 min。⑥放回存储区 15 s。整个安装过程大约需要 3 min。具体如表 5-5 所示。

表 5-5　设置时间对比

活动	QDCD/s	传统模具/s
捡拾器具	13	90
定位	5	26
微动	4	9
夹紧	78	192
松夹	66	152
卸载模具	15	120
总时间	181	589

5.7　设法让管理层接受

大多数经理和主管只是把设置时间作为一项必要的任务,没有花时间去理解它带来的影响。利用成本效益分析将有助于证明设置时间缩短的价值。

5.7.1　装配零件的安装、夹紧和松开

安装和拆卸过程为安装部件提供了许多改进的机会。在安装过程中避免使用紧固件应该是最早的改进之一。紧固件丢失、损坏和剥落,需要手动工具进行安装。它们非常耗时,在安装过程中有时不能容忍。一些紧固件消除方法简单且成本低廉,而其他方法则需要更多资金。

　　在设置过程中更改的所有零件都应具有正确的定位。硬止动块、定位销和固定位置对于快速安装非常重要,通常也不需要大量资金。下一步是快速连接和夹紧。为了实现这一点,有必要确定应力方向。如果单元中没有工程支持,管理层应该提供这种支持,以帮助确定操作过程中需要克服的应力。在消除紧固件之前,应力的任何"过度杀伤"都可以消除。现在,单元设置可以考虑用快速夹紧方法来代替紧固件的使用。图 5-5 至图 5-11 提供了消除设置中紧固件的改进示例。

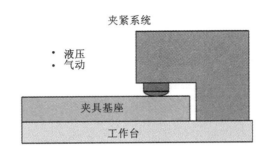

图 5-5　使用液压或气动夹具代替紧固件

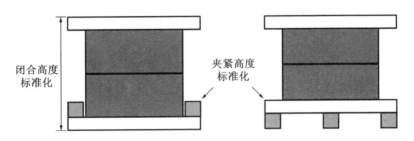

图 5-6　标准化总高度和夹紧高度

图 5-7　利用不同尺寸的夹具或模具子模块标准化的夹紧位置

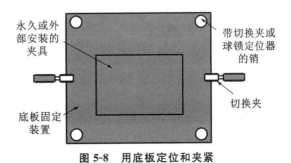

图 5-8　用底板定位和夹紧

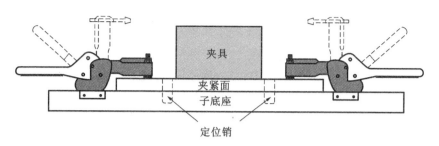

图 5-9　使用肘形夹固定和定位销

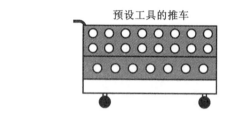

图 5-10　用推车减少安装部件到单元的运输

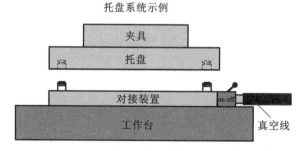

图 5-11　利用托盘系统实现设置过程自动化

5.7.2　运输

无法保存在单元内的任何安装部件,都可以使用推车简化运输。零件可以按照固定的位置放在手推车中,可以在上一个作业运行时就将零件放在手推车中。建议在单元的开发初期就购买这些推车。

5.7.3　正确地定位以避免进一步调整和更改设置

设置完成后,操作员可能会在零件运行过程中进行多次调整或更改设置。必须消除这种做法,应确定单元最终进行的调整或设置,并将其记录在设置文档中,并且每个人都应在以后的设置过程中正确地进行这些调整或设置。调整通常适用于在设置期间更改的夹具、模具或其他零件的位置。设置通常适用于速度、进给、停留时间、温度、流量等。

5.7.4　缩短连接时间(压缩空气、水、液压、真空或电线)

缩短连接时间的关键是使用快速连接/断开技术。在设置过程中,所有在单元中建立的连接都应该被识别出来,并且所有的连接都应该改为快速断开。对不同的行进行编码的方法也可能是有序的。颜色编码可能是最简单的,因为每个单元成员都能看到所用的颜色。但是色盲的员工会有问题,这时将需要采用另一种方法来确保快速、容易识别和建立连接。

5.7.5　清洁

在安装过程中需要清洁的任何零件都应购买两套,以便在设备运行时进行清洁。在安装过程中不应该进行清理,因为这很耗时,而且通常很混乱。

5.7.6　检查

通常质量部门的检查是设置的一部分,设置应始终以规范的标称值为目标。当操作员在设置期间的检查结果总是正确时,检查员在检查产品时就不需要进一步检查了。唯一可能需要的检查是位置检查,通常不能在设备上进行,这些只能在坐标测量机(Coordinate Measuring Machine, CMM)上进行。

5.7.7　数据输入

无论是手工输入还是计算机输入,都需要经常被质疑。如果确实有必要,应当尽量简化。任何无法消除的数据输入,请确保在设备运行时完成。与计算机程序员合作以简化安装过程中所需的任何数据记录。

5.7.8　自动化

市场上有许多产品可以帮助自动调整时间,例如快速更换工具、冲压、锻造和注塑的快速更换系统等,虽然价格可能比较昂贵,但是这些系统可以大大减少安装时间,使得单元更加灵活。缩短安装时间的目标是更快地响应已知的需求,而减少安装时间可以从降低的成本中获得回报。

5.8　显著缩短单元安装时间从而减少加工成本的案例分析

X电池制造公司A生产线的模具安装活动涉及9种工艺和机器。涉及的工艺和机器有包封、铸带、极性测试仪、点焊、短路、剪切测试仪、热封、后燃和漏气测试仪,如表5-6所示[17]。

表 5-6　9 种工艺和机器的安装准备时间

序号	工艺/机器	时间/min										
		1	2	3	4	5	6	7	8	9	10	平均
1	包封	13.5	10.2	11.3	11.5	14.2	12.1	12.9	12.3	13.3	11.1	12.24
2	铸带	52.2	50.1	55.2	51.3	53.6	59.2	51.2	53.6	50.2	49.5	52.61 瓶颈1
3	极性测试仪	9.4	7.2	7.5	7.3	7.1	7.9	9.1	8.3	8.5	8.1	8.04
4	点焊	11.2	13.5	10.1	15.7	12.4	12.3	11.8	13.1	12.2	12.9	12.52
5	短路	8.1	6.6	7.4	8.3	8.8	9.2	6.7	7.2	7.3	7.5	7.71
6	剪切测试仪	9.3	10.1	10.5	11.3	10.3	10.2	11.2	12.6	10.6	10.2	10.63
7	热封	36.2	31.1	35.2	29.6	33.1	35.3	31.7	31.4	34.4	33	33.1 瓶颈2
8	后燃	4.06	5.1	5.8	4.3	5.9	4.6	4.1	4.7	4.5	5	4.81
9	漏气测试仪	3.9	4.5	3.5	3.7	3.3	3.8	3.2	3.6	3.7	5	3.82

(1)改进措施

采用快速换模(Single Minute Exchange Dies，SMED)可对安装时间较长的瓶颈工序——铸带和热封进行改进，SMED 技术的主要改进措施包括：① 分离内部和外部设置操作；② 将内部设置转换为外部设置；③ 采用并行作业,例如两人以上拆卸模具；④ 使用多功能夹具或完全消除紧固件,同时标准化夹具(标准化功能而不是形状),如图 5-12 所示；⑤标准化高度；⑥采用搬运小车,提高模具搬运效率；⑦换模时双脚勿动,将需要用到的工具、模具、清洁用具等按照顺序整理好,减少寻找时间。

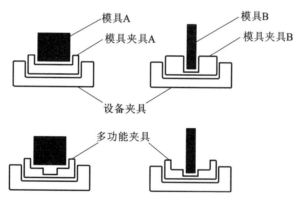

图 5-12　多功能标准化夹具

(2)改进效果

将 SMED 技术应用于 2 个瓶颈工序(铸带和热封)后,在 A 生产线上进行铸带安装活动的总时间从 52 min 缩短到 24 min,缩短了 54%,同时热封机安装时间从 36 min 缩短到 19 min,从而减少了 47% 的安装时间。X 公司每年在装配线 A 中约进行 87 次安装,将损失时间均按每小时 2600 RM(RM 为马来西亚林吉特,1 RM≈1.58 元)或每分钟 43 RM 计算,装配线 A 每年节省 16.8 万 RM,如表 5-7 所示。

表 5-7　X 公司装配线年节省成本

序号	过程	时间/min		增减量/min	变化/%	87 次安装节约/RM
		改善前	改善后			
1	铸带	52	24	−28	−54	104748
2	热封	36	19	−17	−47	63597
					合计	168345

　　X 公司除了 A 装配线还有 B、C、D 三条装配线,由于模具安装活动每年总共损失 29913 min,若按照每年 575 次安装(按每次安装 52 min 计算),X 公司的安装成本每年可节约 110 万 RM。表 5-8 列出了所有装配线总节省量的详细计算。

表 5-8　X 公司所有装配线年节约成本

序号	过程	时间/min		增减量/min	变化/%	575 次安装节约/RM
		改善前	改善后			
1	铸带	52	24	−28	−54	692300
2	热封	36	19	−17	−47	420325
					合计	1112625

5.9　缩短设置时间活动计划

　　基于上述介绍的内容,可以设计一个项目进度表,其中列出需要在单元中开展设置时间减少活动的具体内容:培训单元员工,包括管理和监督等支持区域员工;确定从何处开始缩短设置时间;确定今天的设置步骤,并授权单元员工减少设置步骤和时间;跟踪进度并将结果发布到单元中。

5.10　本章小结

　　缩短单元设置时间的最主要原因是"取悦顾客"。取悦顾客非常不容易,因为客户满意要求 100% 质量、准时交货(交货期越来越短)和正确的零件数量。安装时间的减少加上紧急订单生产将有助于制造单元取悦其客户。

6 柔性化单元制造

柔性化生产模式是一种新型的企业生产组织形式,该模式可以增强制造企业的灵活性和应变能力,缩短产品生产周期,提高设备利用率和员工劳动生产率,改善产品质量,是现代制造企业常见的生产模式。

6.1 柔性化单元制造的概念

柔性单元是由多能工、设备族、产品族及运行规则组成的具有自治性的生产系统,系统通过调整多能工、设备族及运行规则的参数达到快速形成新的生产能力的目的,以适应动态的市场需求。在柔性单元内,多能工对生产计划、工艺、设备、产能、质量控制等具有一定的自主权,并以一定的独立性完成工作任务。柔性单元和基于 Group Technology(成组技术)的制造单元有本质区别,后者采用成组技术将设备与被加工产品按工艺分组,其侧重物理方面的归类划分;柔性单元不但继承了成组技术,形成设备族与产品族的对应,而且在此基础上将生产管理方法、工艺知识、多技能员工派工方法及产品物流方式集成于一体,充分释放出了自组织单元的柔性。柔性单元中的多能工都身兼多种技能,具有多种设备的操作能力,可以灵活地完成多种任务,体现了模块化原理和柔性生产理念的完美结合。

柔性化单元制造是针对大规模生产的弊端而提出的新型生产模式。"少品种、大批量"生产模型的存在是以当时卖方市场的市场环境为基础的,这一生产模式的生产效率高,单件产品成本低,但产品种类单一,无法提供多样化的产品。随着社会经济的发展,消费者的消费观念也发生了深刻的变化,他们不再满足于单一的产品类型,而是追求产品类型的多样化。这就要求制造企业实现"多品种、小批量"的生产,这一生产模式能够随着市场需求的变化作出快速的响应,实现产品类型多样化,能够满足市场消费者的需求,提高企业的竞争力。柔性化制造模式正适用于"多品种、小批量"的生产企业。所谓柔性制造,即通过系统结构、人员组织、运作方式和市场营销等方面的改革,使生产系统能对市场需求变化作出快速反应,同时消除冗余无用的损耗,力求企业获得更大的效益。

6.2 柔性化单元制造的构成

制造系统的柔性主要体现在两个方面:一方面是制造系统适应外部环境变化的能力,可用系统满足不同产品要求的程度来衡量;另一方面是制造系统适应内部环境变化的能力,主要通过有干扰(如设备出现故障)的情况下系统的生产率与无干扰情况下的生产率期望值之比来衡量。相对应地,柔性制造系统应具备柔性产品生产能力和柔性产量生产能力。柔性产品生产能力主要指生产线能够同时生产多种产品的能力,柔性产量生产能力指生产线能够根据生产计划的变化而改变生产节拍,适应生产计划变化的能力。

制造系统的柔性主要由工艺柔性、设备柔性和劳动力柔性构成。

6.2.1 工艺柔性

工艺柔性能力是指系统能够根据加工对象的变化或原材料的变化确定工艺流程,确定需要生产的产品工艺信息,调整各产品的工艺流程,来适应主要产品的工艺流程,使企业在最低的成本控制范围内实现生产。在产品或原材料变化的情况下,为适应其变化,可以持续改善工艺流程。

案例:某造船厂预处理车间的生产线达到多品种同线生产的水平,生产线的工艺柔性较好地体现出来。现选取配料分厂某分段的四种典型零件,零件代号分别为 A1、A2、A3 和 A4,其加工工艺流程如表 6-1 所示。

表 6-1　四种典型零件的工艺流程图

工艺序号	工序	A1	A2	A3	A4
1	钢材预处理	①	①	①	①
2	校平	②	②	②	②
3	数控切割	③	③	③	③
4	入库检验	④	④	④	
5	分料	⑤	⑤	⑤	
6	开坡口		⑥		
7	折边	⑥			
8	辊弯			⑥	
9	入库检验	⑦	⑦	⑦	④
10	分料配套	⑧	⑧	⑧	⑤
11	出库	⑨	⑨	⑨	⑥

6.2.2 设备柔性

工艺的整合、工艺路线的确定需要考虑设备的共用性。确定需要使用的设备的情况,同一种设备可以加工不同的工件,同一种工件可以在不同设备上加工,即实现了生产设备的柔性。随着加工技术的发展,机械加工过程越来越柔性化,而目前夹具的柔性化程度已经成为产品快速变换和制造系统新建或重组后运行的瓶颈,考虑夹具系统时选用成组夹具,可以将设备柔性发挥到最佳。成组夹具是根据相似性原理,用成组技术的方法将企业生产的产品零件进行科学分类,建立尺寸、形状相似或工艺相似的零件族,再针对这些零件族设计适用于该组零件的既有专用夹具特点,而又有一定范围通用性的夹具。当被加工零件尺寸变化时,该夹具仅需适当的调整即可进行加工,而且此类夹具也可以采用组合夹具的标准元件进行组装。

应用案例:某成组杆类零件如图 6-1、图 6-2 所示。零夹具的基础部分是一个带气缸的夹具体,活塞杆一端连接有压板。每种零件均有自己的可换定位板 KH1,工件的位置由固定在板上的定位销 KH3、KH2 来确定。每块定位板都有两个销孔与夹具体上相应的两个限位销相配合,以确定其在夹具上的调整位置。定位板是用三个螺母紧固在夹具体上的。因此,采用可换的合件将使调整迅速,也简化了可换件的管理工作。

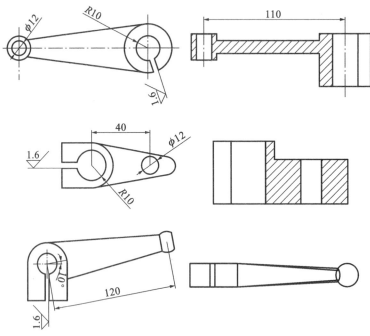

图 6-1　成组杆类零件示意图

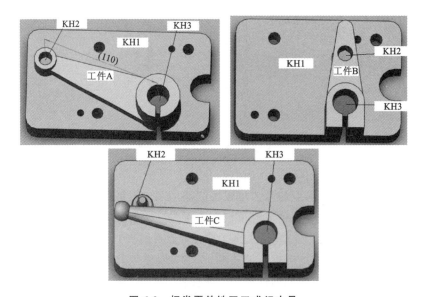

图 6-2　杆类零件铣开口成组夹具

KH1—可换定位板;KH2—可换定位菱形销或圆销;KH3—可换定位销

杆类零件铣开口
成组夹具

拨叉 1

拨叉 2

拨叉 3

6.2.3 劳动力柔性

Hyun J. H. 把劳动力柔性定义为人能够操作不同类型机器,从而改变工作方法及标准的能力[18]。与使用时会贬值的物质资源不同,人往往会随着时间和经验而变得更有价值。因此,管理层应当正确地利用员工潜在的认知能力,并将其转化为竞争武器。劳动力发展的一个重要特征是随着多种技能的发展,工人的技能范围越大,工人的灵活性就越大,无论是在他/她可以生产的商品和/或服务的种类方面,还是在工作分配的范围方面[19]。通常,人员柔性主要是指企业人员面对生产过程中存在的不确定性变化,快速有效地处理不同任务的能力,重点关注人员的多能性。

设有 n 个工件 $J = \{J_1, J_2, \cdots, J_n\}$,$\forall J_i \in J$,有 n_i 道工序 $O_i = \{O_i,1, O_i,2, \cdots, O_i,j, \cdots, O_i,n_i\}$ 需要加工。机器集合为 $A = \{M_1, M_2, \cdots, M_m\}$,每道工序有一个或多个可选的加工设备,不同设备上的加工时间可能不等。每个工人能够操作一台或者多台机器,工人集合表示为 $H = \{hr_1, hr_2, \cdots, hr_l\}$。可以将人员 - 机器关系图映射成 PM(Personnel-Machine) 矩阵结构[20],如图 6-3 所示。

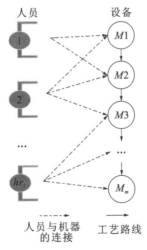

图 6-3 人员 - 机器关系图

PM 矩阵是一个 $hr_l \times M_m$ 的矩阵,用 $\boldsymbol{PM}$ 表示。PM_{gv} 为第 g 行第 v 列对应的元素。

$$PM_{gv} = \begin{cases} 1, \text{员工 } g \text{ 具有操作机器 } v \text{ 的能力} \\ 0, \text{员工 } g \text{ 不具有操作机器 } v \text{ 的能力} \end{cases}$$

则可得出 PM 矩阵:

$$\boldsymbol{PM} = \begin{bmatrix} PM_{11} & \cdots & PM_{1M_m} \\ \vdots & \ddots & \vdots \\ PM_{hrl1} & \cdots & PM_{hrlM_m} \end{bmatrix} \tag{6.1}$$

对于任意规模的 PM 矩阵,可以采用柔性度公式来衡量生产线工人的柔性,相应的计算公式如式(6.2)所示。

$$FI = \frac{\sum\limits_{g=1}^{hr_l}\sum\limits_{v=1}^{M_m} PM_{gv}}{hr_l \times m} \tag{6.2}$$

FI 的取值区间为$[0,1]$,FI 越大,说明系统的人员柔性越高,反之则柔性越低。较大的 FI 值说明系统中有较多的人员可操作多台机器,可以有多种人员调度方案。式(6.1)在计算过程中会出现三种情况,即行数大于列数、方阵、列数大于行数,对于这三种类型的具体处理方法如下:

(1)当行数大于列数时($hr_l > M_m$),员工柔性与非柔性的区别是员工中至少有一个人可以操作多余一台设备。假设 PM 矩阵中按照行的编号递增顺序去操作机器,这样就余下($hr_l - M_m$)个工人是空闲的,可以随时安排加工工作。这种条件下,FI 计算如下:

$$FI = \frac{\sum\limits_{g=1}^{hr_l}\sum\limits_{v=1}^{M_m} PM_{gv}}{hr_l \times m} > \frac{M_m}{hr_l \times M_m} = \frac{1}{hr_l} \tag{6.3}$$

(2)当 PM 矩阵是方阵时($hr_l = M_m$),假设对角线上的元素全部是1,FI 计算如下:

$$FI = \frac{\sum\limits_{g=1}^{hr_l}\sum\limits_{v=1}^{M_m} PM_{gv}}{hr_l \times m} > \frac{M_m(hr_l)}{hr_l \times M_m} = \frac{1}{hr_l(M_m)} \tag{6.4}$$

(3)当列数大于行数时($M_m > hr_l$)。为简化证明过程,假设 PM 矩阵中按照行的编号递增顺序去操作机器,这样就余下($M_m - hr_l$)台机器是无人操作的,必然需要从 hr_l 个员工中再次选择($M_m - hr_l$)个员工操作余下的($M_m - hr_l$)台机器。在这种情形下,相应的 FI 计算如下:

$$FI = \frac{\sum\limits_{g=1}^{hr_l}\sum\limits_{v=1}^{M_m} PM_{gv}}{hr_l \times m} > \frac{hr_l}{hr_l \times M_m} = \frac{1}{M_m} \tag{6.5}$$

6.3 柔性化制造案例

6.3.1 应用案例一

KBD 公司是一家德国集团公司在中国成立的一家公司,主要为汽车制造企业、大型工业空气过滤设备提供各类型的滤清器产品。该公司的滤芯生产线的产品品种多,产品工艺复杂,同时产量需求较低,是典型的"多品种、少批量"的综合型生产线。按照其工艺不同进行分析和分类,总结出了四类不同工艺程序的产品在该生产线进行生产[21]。该四类产品的工艺程序如图 6-4所示。

通过对比工艺流程可以发现,上述四类产品所需工序大致相同,因此,公司决定将这四类产品整合到同一生产线上。对多产品的工艺进行整合分析,可得如图 6-5 所示的结果。

为了实现上述四类产品在同一生产线进行生产,同时生产线的设备不用撤销和移动,根据 A 类和 B 类产品对喷印的顺序的不同要求专门设计了两个喷印传送带设备,这两个喷印传送

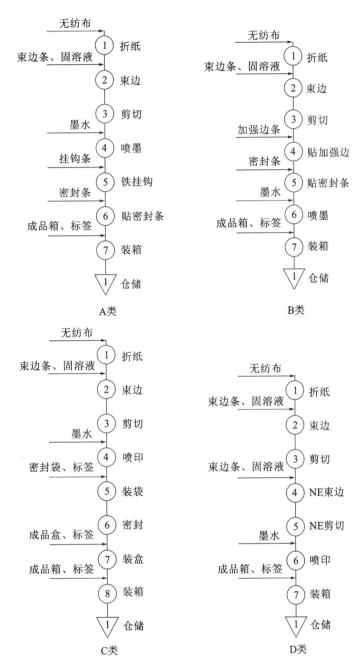

图 6-4　四类产品加工的工艺流程图

带设备具有两个功能:第一是传送功能,实现位移的功能;第二个是在移动传送过程中喷印产品信息与产品边缘的作用。这两个功能可独立,亦可结合,当在生产 A 类和 C 类产品时,第二个喷印传送带设备只起传送的作用,当生产 B 类产品时,第一个喷印传送设备只起传送的作用,不喷印。调整后的生产线达到多品种同线生产的水平,将生产线的工艺柔性提升了一定的层次。

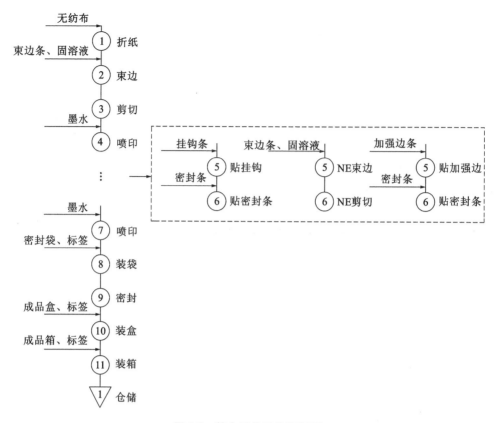

图 6-5　整合后的工艺流程图

6.3.2　应用案例二

A公司主要生产30多个系列1000多个规格的耐腐蚀泵。由于泵的零部件相似性较强，所以很适合应用成组技术来组织生产加工制造。以A公司泵体柔性加工生产单元为例，对泵体加工制造中用传统的专用夹具和用成组夹具的设计制造成本情况进行经济性分析[22]。

（1）现有的专用夹具设计

如图6-6所示为泵的关键件泵体。对这个零件的加工最关键的是要保证泵体端面止口尺寸 d 中心线与泵体入口的锥孔中心线的同轴度小于等于0.05。通过工艺分析，必须先加工止口尺寸 d，然后以止口为定位基准，再加工泵入口锥孔和法兰。而以止口为定位基准就必须有定位夹具。

如图6-7所示是两种不同类型的专用夹具。图6-7中夹具a的D1为泵体止口的定位尺寸，D2为机床工作台上的定位尺寸。由于这种专用夹具成本较高，在使用过程中安装、拆卸频繁，加工辅助时间长，很不方便，所以又采用了另一种夹具b，如图6-7(b)所示。这种夹具是按泵体不同的止口尺寸 d 来铸出5种不同外径尺寸的圆柱形的铸件毛坯，毛坯的尺寸高度均为500 mm，材料为HT200灰铸铁。使用时按泵体止口尺寸不同选用5种铸件毛坯中的一种，将铸件毛坯安装在机床上找正后，按要求的D1进行加工。加工后夹具不动，把泵体定位在夹具上，再加工泵体的锥孔和法兰。夹具b的制造无热处理费用，总的设计制造费用要比夹具a低。

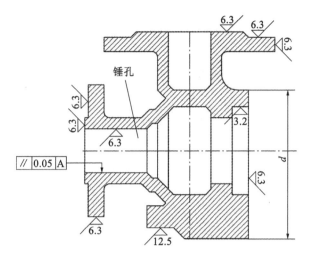

图 6-6 泵体内部结构

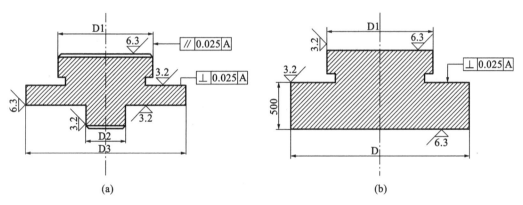

(a)   (b)

图 6-7 泵体加工专用夹具

(a)专用夹具 a;(b)专用夹具 b

以上两种专用夹具在使用过程中都存在着安装、拆卸频繁,加工辅助时间长,效率低,成本较高的缺点,尤其是都适应不了应用成组技术进行成组加工的要求。所以,在实施成组加工的过程中对本应用案例中的夹具进行改进,设计制造了成组夹具,如图 6-8 所示。成组夹具的结构一般是由夹具通用基体和可换、可调件组成。可换、可调件包括定位元件、导向元件、夹紧元件等。

如图 6-8 所示,其中的件(1)是用于定位泵体止口尺寸的可换定位元件,此元件有 4 种不同的台阶定位尺寸。件(2)是件(1)与件(3)相互定位的定位销。件(3)是夹具通用基体,D5 是可换定位元件与夹具通用基体相互定位尺寸。D6 是夹具通用基体与机床工作台的相互定位尺寸。

(2)专用夹具与成组夹具的设计制造成本对比

该公司泵体的规格很多。经统计,泵体的止口尺寸共有 33 种($\phi260\sim\phi750$ mm 范围内),有 33 种不同的止口尺寸就意味着要设计制造 33 种不同尺寸规格的专用定位夹具。为方便起见,对专用定位夹具的成本核算,取 33 种规格的平均成本。成组夹具则是通过对泵体 33 种不同止口尺寸进行优化组合并结合泵体加工的成组工艺来设计的。该夹具的一个可换定位元

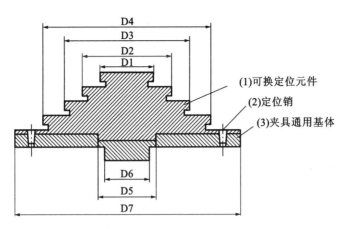

图 6-8　泵体加工成组夹具

件,能满足 4 种泵不同止口尺寸的定位要求。这样泵的 33 种不同止口尺寸只要设计 9 个可换定位元件即可,其中有一个可换定位元件只满足 2 种泵止口尺寸。因泵体不同止口尺寸相差较大,为使设计更合理,夹具通用基体要设计 2 种。夹具的具体设计制造成本核算如表 6-2所示。

表 6-2　专用夹具与成组夹具设计制造成本对比

	设计费/元	材料费/元	加工费/元	热处理费/元	单件合计/元	总计/元
专用夹具 a	120(设计工时费 60 元/h,一种规格设计工时平均时间 2 h)	720(40Cr 钢平均一种规格夹具材料的重量是 90 kg,锻件 40Cr 材料单价 8 元/kg)	330(车削工时费为 30 元/h,车削工时 5 h,磨削工时费 60 元/h,磨削工时 3 h)	765(调质处理单价 2.5 元/kg,表面淬火单价 6 元/kg)	1935	1935×33 =63855
专用夹具 b	无	8000(一个铸件毛坯夹具的平均重量为 2000 kg,毛坯的单价为 4 元/kg)	1800(一个铸件毛坯可用 40 次加工,一次加工工时 1.5 h,工时费 30 元/h)	无	9800	9800×5 =49000
成组夹具	780(设计可换定位元件 10 h,设计夹具通用基体 3 h,设计工时费为 60 元/h)	7728(一个可换定位元件材料平均重 80 kg,一个夹具通用基体材料平均重 123 kg,40Cr 锻件单价 8 元/kg,共需 9 个定位元件、2 个通用夹具)	5200(加工一个可换定位元件 12 h,加工一个夹具通用基体 11 h,工时费 40 元/h,共需 9 个定位元件、2 个通用夹具)	6735(调质处理单价 2.5 元/kg,高温淬火单价 6 元/kg)		20443

　　通过核算三种夹具的设计制造成本,专用夹具最少的为 49000 元,而成组夹具设计制造成本为 20443 元,对比这两种成本,显然成组夹具设计制造成本低。成组夹具设计制造成本比专用夹具设计制造成本减少了 28557 元,大约为专用夹具设计制造成本的 41.7%。

（3）专用夹具与成组夹具的加工效率对比

专用夹具一个突出的问题是辅助加工时间长（夹具的装卸、定位时间长，拆装频繁）。该公司一般年产各种泵 2500 台左右，也就是说要加工制造 2500 个不同规格尺寸的泵体。如果这2500 台泵体包含了 24 种不同止口尺寸，即意味着专用夹具的装卸、定位要进行约 2500 次（24×2500/24＝2500）。

用成组夹具加工制造泵体后，辅助工时量明显减少，辅助工时费也相应明显减少。年加工制造 2500 台泵体，包含 24 种不同止口尺寸，若用成组夹具，则装卸、找正的次数为 6×2500/24＝625 次（因一个成组夹具可用 4 种不同止口尺寸定位）。

表 6-3 为专用夹具和成组夹具加工泵体的年辅助工时量和年辅助工时费。

表 6-3　专用夹具与成组夹具加工效率对比

	年辅助工时量	年辅助工时费
专用夹具	1.5×2500＝3750 h（专用夹具装卸、找正一次平均工时为 1.5 h）	30×3750＝112500 元（辅助工时单价为 30 元/h）
成组夹具	1.5×625＝937.5 h（成组夹具装卸、找正一次平均工时为 1.5 h）	30×937.5＝28125 元（辅助工时单价为 30 元/h）

通过对泵体加工用成组夹具所需的全部工时量比专用夹具所用的全部工时量所节约的工时量（主要是辅助工时节约）的核算，可以发现采用成组夹具加工泵体比用专用夹具加工泵体加工效率提高了 19.4％。

6.4　本章小结

本章主要定义了柔性化单元制造，并结合案例对其构成进行了说明，最后给出了单元柔性度的测量标准和方法。柔性化单元是由多能工、设备族、产品族及运作规则组成的具有自治性的生产系统，系统通过调整多能工、设备族及运行规则的参数达到快速形成新的生产能力以适应动态市场需求。在柔性单元内，多能工对生产计划、工艺、设备、产能、质量控制等具有一定的自主权，并以一定的独立性完成工作任务。

参 考 文 献

[1] 洪潇.工业工程标准化质量体系及科学管理思路探讨[J].大众标准化,2020,(13):218-219.

[2] ANDRIS F, BENJAMIN W N. Methods, standards, and work design[M]. Dubuque: McGraw-Hill, 2003.

[3] (美)大卫 E. 奈.百年流水线:一部工业技术进步史[M].史雷,译.北京:机械工业出版社,2017.

[4] (日)大野耐一.丰田生产方式[M].谢克俭,李颖秋,译.北京:中国铁道出版社,2014.

[5] (美)詹姆斯·P.沃麦克,(英)丹尼尔·T.琼斯,(美)丹尼尔·鲁斯.改变世界的机器[M].沈希瑾,李京生,周亿俭,等译.北京:商务印书馆,2003.

[6] 周虎城.基于精益生产的发动机制造规划和设计[D].天津:天津大学,2012.

[7] GEORGE T S HO, HENRY C W LAU, CARMAN K M LEE, et al. An intelligent forward quality enhancement system to achieve product customization[J]. Industrial Management and Data Systems, 2005, 105(3):384-406.

[8] POORNACHANDRA R P, VIRA C. Design of cellular manufacturing systems with assembly considerations[J]. Computers&Industrial Engineering, 2005(48), 449-469.

[9] ASHKAN A, FARBOD F. How to make lean cellular manufacturing work? Integrating human factors in the design and improvement process. IEEE Engineering Management Review, 2019, 47(1):99-105.

[10] WEMMERLOV U, HYER N L. Cellular manufacturing in the U. S. industry: a survey of users[J]. International Journal of Production Research, 1989, 27(9):1511-1530.

[11] 祁国宁,顾新建,杨青海,等.大批量定制原理及关键技术研究[J].计算机集成制造系统(CIMS),2003(9):776-783.

[12] 俞娜,杨青海.大批量定制的多样化管理[J].CAD/CAM 与制造业信息化,2007(8):22-24.

[13] 王炬香,于晓光,于明进.汽车制造企业的精益物流规划和管理[J].工业工程,2004(1):22-25.

[14] 王永升,齐二石.从精益生产到精益设计[J].现代管理科学,2010(3):6-7.

[15] 孙洪华.多品种中等批量机械制造车间设备布局优化研究[D].哈尔滨:哈尔滨工业大学,2008.

[16] ARIEF R K, NRLAILA Q. Setup time efficiencies of quick die change system in metal stamping process[C]. IOP Conference Series: Materials Science and Engineering, 2019, 602(1):1-8.

［17］ DEROS B M，MOHAMAD D，IDRIS M H M，et al. Cost saving in an automotive battery assembly line using setup time reduction［C］. 11th WSEAS International Conference on Robotics，Control and Manufacturing Technology，ROCOM'11，2011:144-148.

［18］ HYUN J C,AHN B H. A unifying framework for manufacturing flexibility ［J］. Manufacturing Review，1992，5(4)：251-260.

［19］ SAWHNEY R. Implementing labor flexibility：A missing link between acquired labor flexibility and plant performance［J］. Journal of Operations Managemant，2013，31(1-2):98-108.

［20］ 林仁,周国华,夏方礼,等.人员柔性度对作业车间调度的影响研究［J］.计算机应用研究,2016,33(10):3017-3020,3025.

［21］ 谭付勇.精益生产在 KDB 公司现场改善中的应用研究［D］.成都:西南石油大学,2018.

［22］ 孙进兴,蒋铭和.应用成组夹具技术的经济性评价［J］.成组技术与生产现代化,2001(2):25-28.